高圧受電設備の知識 【改訂2版】

実務に役立つ

福田真一郎 ──［編著］

編著者　福田 真一郎（東芝インフラシステムズ 株式会社，1章）
著　者　寺田 克己（東芝インフラシステムズ 株式会社，1-8節）
　　　　福本 剛司（東芝インフラシステムズ 株式会社，2章）
　　　　末吉 　暁（東芝インフラシステムズ 株式会社，3章）
　　　　後藤 秀範（東芝インフラシステムズ 株式会社，4章）
　　　　内村 恭司（東芝インフラシステムズ 株式会社，5章）
　　　　小川 公也（東芝インフラシステムズ 株式会社，6章，7章）
　　　　望月 敏明（東芝インフラシステムズ 株式会社，8章，付録）

（著者執筆順）

本書を発行するにあたって，内容に誤りのないようできる限りの注意を払いましたが，本書の内容を適用した結果生じたこと，また，適用できなかった結果について，著者，出版社とも一切の責任を負いませんのでご了承ください．

本書は，「著作権法」によって，著作権等の権利が保護されている著作物です．本書の複製権・翻訳権・上映権・譲渡権・公衆送信権（送信可能化権を含む）は著作権者が保有しています．本書の全部または一部につき，無断で転載，複写複製，電子的装置への入力等をされると，著作権等の権利侵害となる場合があります．また，代行業者等の第三者によるスキャンやデジタル化は，たとえ個人や家庭内での利用であっても著作権法上認められておりませんので，ご注意ください．

本書の無断複写は，著作権法上の制限事項を除き，禁じられています．本書の複写複製を希望される場合は，そのつど事前に下記へ連絡して許諾を得てください．

出版者著作権管理機構
（電話 03-5244-5088，FAX 03-5244-5089，e-mail：info@jcopy.or.jp）

JCOPY ＜出版者著作権管理機構 委託出版物＞

はしがき

　エネルギーは社会システムの高度化・多様化と経済活動の発展を支える重要な資源である．なかでも，電気エネルギーは光や熱あるいは力といった形態に容易に変換できる便利なエネルギーとして現代社会に必要不可欠なものとなっており，その重要性はますます高まっている．

　一方，電気の扱い方を誤ると感電事故や停電，機器故障などを招くことになるので，電気の利用に際しては安全対策や保護対策などに注意が必要であることは言うまでもない．

　そこで，電気を利用する設備機器やその取り扱いに対して，安全性や信頼性の向上が求められ，技術開発や法規制など多方面で見直しが図られている．

　照明設備や動力設備などの負荷に電気を供給する役目である自家用電気設備は，これまで培われた多くの基盤技術により設備の計画・設計が実施されているが，これらを扱う電気技術者にとっては幅広い実務知識と，最新の技術動向の修得が求められている．

　本書は，自家用電気設備の大部分を占める高圧受電設備を対象に，過電流，地絡保護対策を含め，高圧受電設備の計画から設計，施工，設備機器の役割と選び方，接続図と施工図，保護方式，監視制御，据付配線，試験・検査など，高圧受電設備を扱ううえで必要な実務知識の全般にわたる解説書としてまとめたものである．

　多くの電気工学分野の専門書があるなか，高圧受電設備を対象としたものはあまり多くなく，本書では高圧受電設備の実務に携る中堅の電気設備技術者に役立つ内容構成とし，高圧受電設備の実務知識全般理解していただくことを主眼に，わかりやすく記述したつもりである．

　最近では，高圧受電設備を構成する機器は格段に性能が向上し，自動制御など制御技術の技術開発や法改正なども相まって，高圧受電設備は総合的なシステムとなっており，本書では，機器固有の知識に加え高圧受電設備システムとして必要な知識について解説に加えた．

　新たに電気技術者として実務につかれる方々には，高圧自家用電気設備に関す

はしがき

る基礎知識を得るために，また，既に電気技術者として実務につかれご活躍の方々には応用面で，本書がいささかでもお役に立てれば幸いである．

最後に，本書は，2002年11月に発行されて以来，数多くの方々にお読みいただいてきた．この間，機器技術の進展や，法制度の変更，新エネルギーの普及など高圧受電設備を取り巻く環境も大きく変化した．このような背景から，2015年1月の今般，掲載内容の大幅な追加・見直しを行い，改訂版を発行する運びとなった．改訂にあたり，先輩諸氏が発表された多くの文献，資料を参照させていただいたこと，また，「高圧受電設備規程」，「内線規程」，JIS，JEC，JEMなど各種規格を転用させていただいたことに対し，ここに厚く謝意を表すしだいである．

また，本書の出版に際し，一方ならぬお世話をいただいたオーム社の方々，いろいろご指導いただいた先輩諸兄にこころより御礼申し上げます．

2015年1月

福田　真一郎

目次

1章　高圧受電設備の計画と設計

- 1-1 高圧受電設備とは …………………………………………………………… 2
  高圧受電設備の対象／高圧受電設備の要求事項／自家用電気工作物における高圧受電設備の割合
- 1-2 高圧受電設備の基本計画手順 ……………………………………………… 7
  計画の手順／主な検討項目
- 1-3 受電設備容量の算定 ………………………………………………………… 10
  負荷設備の調査・負荷の種類／負荷容量の概算／設備容量の算定
- 1-4 設備容量と契約電力 ………………………………………………………… 14
  契約電力／契約電力の計算／電気料金と契約種別
- 1-5 受電方式と回路構成 ………………………………………………………… 16
  受電方式／回路構成
- 1-6 高圧受電設備の種類 ………………………………………………………… 20
  形態による分類／主遮断装置における分類／高圧受電設備選定のポイント
- 1-7 非常用電源の準備 …………………………………………………………… 27
  非常用電源設備の設置義務／非常電源の種類
- 1-8 分散電源の構成と種類 ……………………………………………………… 29
  分散電源の役割／分散電源を取り巻く環境／分散電源の特徴と構成／分散電源の系統連系／分散電源の課題

2章　設備機器の役割と選び方

- 2-1 高圧遮断器（CB：Circuit breaker） ……………………………………… 38
  遮断器の役割／高圧遮断器の種類／高圧遮断器の定格／高圧遮断器の選定
- 2-2 高圧断路器（DS：Disconnecting switch） ……………………………… 41

目次

　　　　　断路器の役割／高圧断路器の種類と定格／断路器の選定

2-3　高圧交流負荷開閉器（LBS：Load break switch） ………………… 43
　　　　　高圧交流負荷開閉器の役割／高圧交流負荷開閉器の種類／高圧負荷開閉器の定格／高圧交流負荷開閉器の選定

2-4　高圧交流電磁接触器（MC：Electromagnetic contactor） ………… 46
　　　　　高圧交流電磁接触器の役割／高圧交流電磁接触器の種類／高圧交流電磁接触器の定格／高圧交流電磁接触器の選定

2-5　電力ヒューズ（PF：Power fuse） ………………………………… 50
　　　　　電力ヒューズの役割／電力ヒューズの種類と構造／電力ヒューズの定格／電力ヒューズの選定

2-6　避雷器（SAR：Surge arrester） …………………………………… 52
　　　　　避雷器の役割／避雷器の種類と構造／避雷器の定格／避雷器の選定

2-7　変圧器（TR：Transformer） ……………………………………… 55
　　　　　変圧器の役割／変圧器の種類と構造／変圧器の定格と特性／変圧器の結線／変圧器の位相角／タップ電圧／変圧器の並行運転／変圧器の選定

2-8　進相コンデンサ設備（SC：Static capacitor） …………………… 63
　　　　　進相コンデンサの役割／進相コンデンサの種類／進相コンデンサの仕様と性能／進相コンデンサ，直列リアクトルの定格／進相コンデンサ，直列リアクトルの選定

2-9　計器用変成器 ………………………………………………………… 69
　　　　　計器用変成器の役割／計器用変成器の種類と構造／計器用変成器の定格と性能／計器用変成器の選定

2-10　配線用遮断器と漏電遮断器 ………………………………………… 75
　　　　　配線用遮断器の種類／漏電遮断器の構造／配線用遮断器および漏電遮断器の特性と性能／配線用遮断器および漏電遮断器の選定

2-11　保護継電器（RY：Protection relay） ……………………………… 84
　　　　　保護継電器の役割／保護継電器の種類

2-12　計器 …………………………………………………………………… 86
　　　　　電気計器の分類／指示電気計器の種類と性能／指示電気計器の目盛

目次

2-13 直流電源装置 …………………………………………………… 91
　　　直流電源装置の役割／直流電源装置の種類とシステム構成／直流電
　　　源装置の選定と留意点
2-14 無停電電源装置（UPS：Uninterruptible power system）……… 95
　　　無停電電源装置の役割／無停電電源装置の種類とシステム構成／無
　　　停電電源装置の選定と留意点
2-15 自家発電装置 …………………………………………………… 99
　　　自家発電装置の役割／自家発電装置の種類とシステム構成／自家発
　　　電装置の選定と留意点

値の選定／積算電気計器

3章　接続図と施工図

3-1 図面の種類 ……………………………………………………… 104
3-2 接続図 …………………………………………………………… 105
　　　単線接続図／複線接続図／展開接続図
3-3 施工図 …………………………………………………………… 117
　　　機器配置図／基礎図／ピット図／ケーブルラック図／配線図
3-4 接続図のための各種記号・番号 ……………………………… 120
　　　シンボル（図記号）／文字記号／器具番号

4章　保護方式と保護協調

4-1 電源系統と保護について ……………………………………… 140
　　　電力会社配電系統と需要設備／高圧自家用工作物の事故について
4-2 保護の基本的な考え方 ………………………………………… 142
　　　需要家設備における保護対象／需要家設備における事故と保護継電
　　　器／保護の構成要素
4-3 保護の目的と保護継電方式 …………………………………… 143
　　　保護継電方式の目的と特徴／主保護と後備保護／段階時限による選
　　　択遮断方式
4-4 高圧受電設備における短絡保護協調検討手段 ……………… 147

vii

目次

　　　　保護協調の検討手順／データの収集／基準値換算／インピーダンスマップの作成／故障電流の計算／グラフ用紙の選定と目盛の記入／保護対象の選定／保護対象の定格の記入／短絡電流の記入／保護継電器の動作特性曲線の記入／保護継電器間の時限差確認／時間差の得られない保護協調の対策

4-5　CB 形高圧受電設備の短絡保護協調例 ……………………………… 159
　　　　データの収集／基準値換算／インピーダンスマップの作成／故障電流の計算／保護協調曲線の作成

4-6　低圧回路における短絡保護方式 …………………………………… 167
　　　　低圧回路保護の特徴／低圧回路の遮断方式／低圧回路の保護協調

4-7　変圧器の保護方式 ……………………………………………………… 169
　　　　保護の考え方／変圧器の過負荷保護／複数台の変圧器保護

4-8　電動機の保護方式 ……………………………………………………… 172
　　　　電動機の保護について／電動機の保護回路／電動機の保護

4-9　高圧進相コンデンサの保護方式 …………………………………… 174

4-10　高圧回路の地絡保護 ………………………………………………… 175
　　　　地絡保護の必要性・目的／電力会社系統と地絡保護について／地絡事故の検出方式／地絡保護方式／地絡電流の計算法／高圧受電の地絡保護協調

4-11　低圧回路の地絡保護 ………………………………………………… 182
　　　　低圧地絡保護の目的／低圧回路の地絡事故／低圧回路構成と地絡保護

4-12　絶縁協調 ………………………………………………………………… 184
　　　　絶縁協調とは／雷サージ絶縁協調の考え方／避雷器の雷サージ抑制効果

5 章　監視と制御

5-1　監視制御の概要 ………………………………………………………… 188
　　　　概要／変遷

5-2　監視制御の基本 ………………………………………………………… 190

監視制御の場所／現場での監視制御／中央監視室での監視制御／遠隔での監視制御

5-3 監視制御装置と高圧受電設備のインタフェース ………………… 198
リモートステーションと現場設備とのインタフェース／中央監視室とリモートステーションのインタフェース／中央監視室と現場設備のインタフェース

5-4 高圧受電設備の制御 ………………………………………………… 203
監視制御機能／制御の切換え／制御電源の考え方

5-5 監視室の計画 ………………………………………………………… 210
機器の設置とスペース／監視室の照明／周囲環境

6章 据付けと配線工事

6-1 高圧受電設備の据付け …………………………………………… 216
閉鎖配電盤の据付け／変圧器の据付け／非常用自家発電設備の据付け／耐震設計

6-2 配線工事の計画 …………………………………………………… 223
電力ケーブルの選定／制御ケーブルの選定

6-3 施工上の留意点 …………………………………………………… 227
施工方法の特徴／ケーブルラック／ケーブルダクト／金属電線管／ケーブルピット／バスダクト

6-4 接地工事 …………………………………………………………… 231
接地の目的／接地工事の種類／接地工事の工法／接地極埋設工事／接地工事の留意点

6-5 機器の配置と電気室の大きさ …………………………………… 236
電気室の場所／電気室の機器配置

7章 現地試験・検査と保全

7-1 現地試験の項目と内容 …………………………………………… 240
外観検査／接地抵抗測定／絶縁抵抗測定／絶縁耐力試験／保護装置試験／保護連動試験／総合試験

ix

7-2 試験方法と判定基準 …………………………………………………… 242
　　　　交流絶縁耐力試験／過電流継電器の試験／地絡方向継電器の試験／
　　　　不足電圧継電器の試験
7-3 保守と保全 ……………………………………………………………… 246
　　　　保守点検／設備診断

8章　関連法規と手続き

8-1 関連法規 ………………………………………………………………… 256
　　　　電気事業法／消防法
8-2 経済産業省への手続き ………………………………………………… 261
　　　　工事計画届出／保安規程／電気主任技術者／使用開始届出手続き／
　　　　定期・電気事故・変更・廃止など報告／公害防止などに関する届出
8-3 電力会社への手続き …………………………………………………… 269
　　　　電気使用申込の種類／手続き
8-4 消防への手続き ………………………………………………………… 270
　　　　電気設備の設置届出／危険物の申請および届出
8-5 PCBの取扱い規制 ……………………………………………………… 274
8-6 省エネ法 ………………………………………………………………… 276

付録　関連法規と機器に関する規格 ………………………………………… 277
引用・参考文献 ………………………………………………………………… 284
索　引 …………………………………………………………………………… 287

1章 高圧受電設備の計画と設計

　国内における電力供給を受ける需要家の施設件数を供給電圧で比較すると，高圧で供給される高圧受電設備は自家用電気工作物全体の約95％を占める．その大部分を占めるビルや工場などは規模や用途に応じて，各種の高圧受電設備が広く利用されている．

　高圧受電設備に対する要求事項は多種多様であり，需要家の業態，規模，負荷設備の種類，周囲環境，建設予算などに応じて，設備容量の算定，受電方式，回路構成など十分検討する必要がある．

/ 1章　高圧受電設備の計画と設計

1-1　高圧受電設備とは

　ビルや工場などで使われるエネルギーの多くは，電力会社から供給される電気が利用されている．電気は需要家の使用電力に対応した高い電圧で供給されるため，需要家側では電力会社から供給される受電電圧を負荷設備の運転に適した低い電圧に変換し，安全で信頼性が高く，経済的な設備とする必要がある．

　電力会社から供給を受ける受電点から電圧を変換するための変圧器の一次までの構成機器を**受電設備**と呼び，変圧器から負荷設備へ配電するための構成機器を**変電設備**と呼ぶが，これらをあわせて**受変電設備**と呼称している．

　しかし，電力会社より高圧で供給を受け，低圧に変換する設備は日本工業規格 JIS C 4620「キュービクル式高圧受電設備」で，受電点から変圧器二次遮断器までを含めて規定しているため，**高圧受電設備**というのが通例である．

1　高圧受電設備の対象

　電力会社の発電所から需要家までの電力供給ルートと高圧受電設備との関係を**図1・1**に示す．

　我々がビルにおいて快適な生活環境を過ごし，工場や各種プラントなどで生産活動を行うためには，照明器具や動力設備などの電気設備が必要不可欠である．

　照明器具や動力設備などの電気設備は，一般に 100 V や 200 V などの低圧の電気で運転されるが，電力会社から供給される電気は必ずしも負荷設備の電圧にあったものとは限らない．小規模な町工場や商店，一般家庭などは直接低圧で供給されるが，中小規模の工場，ビルなどでは 6.6 kV の高圧電力で供給される．一方，大規模な工場や超高層ビルなどの大規模ビルでは 22，33 kV または 66，77 kV あるいは 154 kV といった特別高圧電力で供給される．

　電力会社から供給される電圧は，需要家の規模や電力会社の電力供給設備状況などにより異なるが，一般に国内の電力会社の電力供給規定では契約電力が 50 kW 以上を超えると高圧または特別高圧となる．特に，電力会社の発電所から負荷設備までの電力供給ルートの中で，高圧受電設備はビルや工場などの大部分で使用されており，電気設備技術者が取り扱う重要な電気設備である．

1-1 高圧受電設備とは

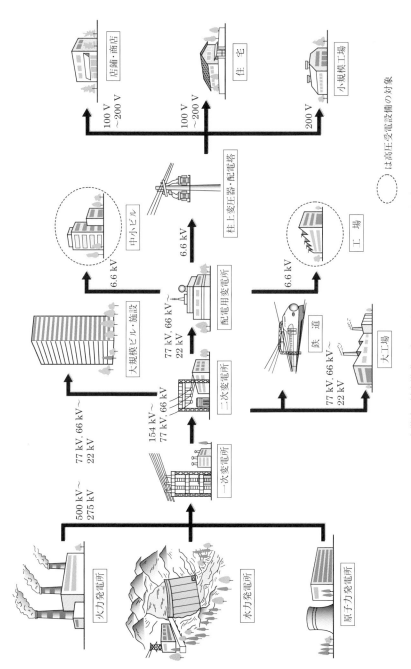

図1・1 電力供給の基本構成図（発電所から需要家までの電気の流れ）

2　高圧受電設備の要求事項

　高圧受電設備の計画にあたっては，需要家の業種，規模，負荷設備の種類，受電設備の形態，周囲環境などの要求条件から検討する必要がある．さらに，最近では負荷設備の多様化，システムの複雑化，省エネルギー，省資源などの新たなニーズが加えられ，以下に示すような条件が高圧受電設備に求められている．

(a) 信頼性の高い設備

　大規模な受電設備では，専任の運転・保守員が常駐して設備の保守，維持管理を行っているが，小規模な受電設備では保守員が常駐しておらず保守が十分でない場合が多く見られるため，大規模設備と同等またはそれ以上の高信頼性が求められる．

　したがって，負荷設備に良質な電気を確実に供給するためには，信頼性が高く，故障が起きにくい設備とすべきである．そのため，
(1) 運転・保守が不便とならないよう設備や系統の構成を簡素化した構成とする．
(2) 受電設備を構成する機器は信頼度が高く，高性能なものを選ぶ．
(3) 万一，事故が発生しても事故範囲が自動的に局限化できるよう保護協調を図る．

といった配慮が必要である．

(b) 安全な設備

　短絡や地絡など電気事故の安全対策として，保護装置を取り付けるほか，感電事故などの電気災害の多くがヒューマンエラーに起因していることから，錯覚，慣れによるルール無視の危険行為，不安全行為による過失などから人間を守る対策が必要である．

　安全対策の例を以下に挙げる．
(1) 充電部の遮へい，危険物を隔離するなどの対策
(2) 「高圧危険」などの表示による注意
(3) 誤操作防止のためのインタロックの取付け

(c) 運転操作・点検保守が容易な設備

　遮断器，開閉器などの運転操作，機器状態や計器の監視・記録などが容易にで

きるよう，作業スペース，器具の操作性，照明などが配慮されていること，また，保守点検などでは部品交換，点検手入れ，試験などの作業が安全かつ容易にできることが重要である．

(d) 増設や更新が容易な設備

需要家の設備は事業の拡大にあわせて設備を増設する場合や，設備が老朽化した時に設備を更新することがある．このために，最終形態を取ることは経済的でない．したがって，機器の増設や更新を考慮した，機器配置，作業スペースや機器搬入ルートの確保などが必要である．

(e) 周囲環境を考慮した設備

電気機器には変圧器や電動機など騒音や振動などを発生するものがあるので，これらが周囲に悪影響を与えないように防音・防振などの対策を行う必要がある．また，設備の設置場所や外形，外観色などが周囲の環境に整合していることも重要である．

(f) 防災対策を考慮した設備

事故の波及防止のため機器相互間を隔壁で隔離し，スペースを確保するとともに，電気設備が発火源となって電気火災が拡大しないよう消火設備を設置する．また，地震時や水害時などの対策とともに，異常時にも電源の確保ができるよう配慮する必要がある．

(g) 省エネルギーを配慮した設備

地球温暖化防止のための CO_2 排出量削減や石炭・石油などの枯渇資源の有効活用など，地球規模での環境対策が求められている．高圧受電設備においても高効率機器の採用，負荷平準化対策，分散電源の利用などに加え，計画段階から全体システムに対する省エネルギー対策の検討が必要である．

(h) 高調波対策を考慮した設備

電気化学や電鉄における直流電源や製鋼用アーク炉などの整流設備が高調波の発生源として知られているところである．最近では，電動機や照明設備などにも電力用半導体を応用したインバータが採用され，加えてスイッチング電源を使ったOA機器の普及で高調波の発生源が拡大している．

特に各需要家の受電系統がつながっている高圧受電設備では，高調波抑制対策ガイドラインにもとづき，必要な調査と対策を行い，自構内の高調波発生を抑制

し他需要家へ影響を与えないよう考慮する必要がある．

（i）経済性を考慮した設備

需要家にとって経済性も重要な要求条件であることは異論がないと思われるが，安全性や信頼性を犠牲にして頻繁に事故を起こし，停電により重大な支障をきたすようなことがあってはならない．

経済性を評価する方法としては，建設時から廃棄するまでの過程におけるイニシャルコストや，運用・保守の費用であるランニングコストなど建物にかかわるすべての費用で経済性を評価するライフサイクルコスト（LCC）の概念を導入することも必要である．

3　自家用電気工作物における高圧受電設備の割合

一定規模以上のビルや工場などの電気設備は，自家用電気工作物と呼ばれ，資格を持った電気主任技術者を選任し，保安規程を定めて，電気設備の工事・維持及び管理をするよう電気事業法で義務づけられている．一方，一般用電気工作物は，600V以下の低圧で電気の供給を受ける一般住宅や店舗・小規模事業所などを対象としており，次のように区別されている．

（1）600Vを超える高圧または特別高圧（7 000Vを超えるもの）で受電するもの

（2）電力会社などからの受電のための電線路以外に構外にわたる電線路を有するもの

（3）小出力発電設備以外の発電設備（非常用予備発電装置を含む）と同一構内にあるもの

小出力発電設備とは600V以下の発電用電気工作物で次のものをいう．

①太陽電池発電設備であって出力50kW未満のもの

②風力発電設備であって出力20kW未満のもの

③水力発電設備であって出力20kW未満および最大使用水量1m^3/s未満のもの（ダムを伴うものを除く）

④内燃力を原動力とする火力発電設備で出力10kW未満のもの

⑤燃料電池発電設備（固体高分子型または固体酸化物型のものであって，最高使用圧力0.1MPa未満のものに限る）

（4）爆発性または引火性の物質を製造する事業場に設置されるもの

これらの自家用電気工作物の国内における施設件数を図1・2に示す．

図1・2に示すように，低圧，高圧，特別高圧設備で区分すると，高圧受電設備の占める割合は93.9％と大部分は高圧受電設備であり，高圧受電設備がいかに重要な設備であるかを示している．また，その中でも，500 kW 未満の高圧受電設備は自家用電気工作物の87.4％を占めていることがわかる．

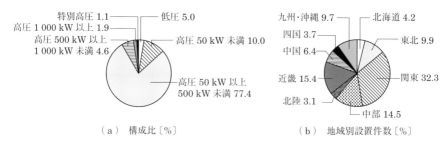

図1・2 自家用電気工作物の国内における施設件数（平成24年度）
（出典：高圧受電設備規程）

1-2 高圧受電設備の基本計画手順

高圧受電設備を計画する場合，建物の規模（延べ面積，階数など），用途，立地条件，設備の重要度，要求条件などを念頭に基本計画をまとめ，さらに，基本計画に基づき詳細設計を行い，総合的な検討と評価が行われる．

1 計画の手順

高圧受電設備を計画するにあたっての標準的な計画フローチャートを示すと，図1・3のような手順となる．このフローチャートは，比較的規模の大きな高圧受電設備を計画する場合の標準的なものであるが，実際の計画にあたっては設備の規模，用途，重要度，将来計画などを考慮して内容を取捨選択して，運用することになる．

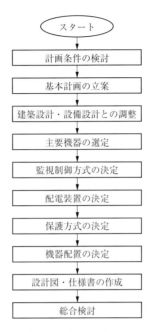

図1・3 高圧受電設備の計画フローチャート

2 主な検討項目

(a) 計画条件の検討
(1) 建物の規模，用途，立地条件，設備の重要度，設備に対する要求条件，将来計画，保守保安体制，建設予算，工期，特殊負荷の有無などを調査する．
(2) 周囲環境，設置条件，気象条件（屋外，屋内，標高，塩害対策必要有無ほか）などを調査する．
(3) 法規制の有無を調査する．

(b) 基本計画の立案
(1) 負荷設備の概要調査，負荷設備容量の算定，最大電力の算定を行う．
(2) 電力会社の供給条件（供給方法，供給可能時期，引込み工事負担金など）を検討する．
(3) 受電設備設置場所の決定，単線結線図の概略設計を実施する（変圧器台数，高圧／低圧の基本構成，自家発設備との関連など）．

(4) 受変電室の機器配置概略設計,高低圧設備の制御・監視方式の概略検討を行う.
(5) 高調波対策,省エネルギー対策,防火対策などを検討する.

(c) 建築設計・設備設計との調整
(1) 建築設計と調整する(受変電室の位置,所要面積,階高,間仕切り,機器の基礎,床の強度,引込み口の施設,引込みルート,配線ピット,壁・床・はりの貫通,機器搬出入経路,マシンハッチ,監視室・自家発室・蓄電池室・電気シャフトなどとの相互位置取合い,工程の調整,その他).
(2) 電気室の換気条件,ダクトなどとの取合い,負荷設備と配電電圧・配電方式の検討など,他の設備設計と調整する.

(d) 電気設備相互間の調整
　幹線方式,自家発との運用計画,蓄電池設備との関係,負荷設備への配電方式,特殊負荷対策,増設予定の検討,非常用設備の電源方式などを決定する.

(e) 主要機器の選定
(1) 変圧器の容量,変圧器種別,定格・結線方式,台数などを決定する.
(2) 遮断器の電圧,電流,遮断電流,遮断時間などの定格事項,機種の選定,操作方式などを決定する.
(3) 電力コンデンサ設備の容量,台数,操作方法を決定する.
(4) 母線付属機器(変流器,計器用変圧器,避雷器,電力ヒューズ,開閉制御器具など)を決定する.

(f) 監視・制御方式の決定
(1) 設備の重要度,制御量,保守体制,操作の難易度,制御精度,安全性,経済性などから制御方式(自動制御・手動制御)を決定する.
(2) 制御用,操作用電源を決定する.

(g) 配電装置の決定
(1) 配電盤の形態を決定する(垂直形,閉鎖形,その他).
(2) 取付け器具(回路数,遮断器数,計測器,継電器,操作用スイッチ,表示灯,信号灯,その他)を決定する.

(h) 保護方式の決定
　保護区間,選択保護の方式,保護対象と継電器種類,保護協調,短絡電流計算

による短絡強度，電力会社との保護協調などを検討する．

(i) 受電設備の機器配置決定
（1）配電盤の前面，背面，側面の保守点検スペース，将来の増設・更新余地などの配置を検討する．
（2）機器の搬出入経路，保守点検スペース，危険防止施設の設置，将来の増設，更新余地などの配置を検討する．
（3）遮断器の保守・点検，操作のスペース，将来の増設，更新余地などの配置を検討する．

(j) 設計図面・仕様書の作成
　単線接続図，複線接続図，展開接続図，制御電源系統図，ケーブル配線図，機器配置図，機器外形図，接地工事図，ピット配置図，電力引込関連図，仕様書などを作成する．

(k) 総合検討
　系統短絡電流と使用機器との整合はとれているか，電力会社を含めた保護協調は適正か，変圧器・遮断器・変成器などの機器・装置の定格は適正か，保護・制御・監視に必要な計器・継電器が選定されているか，将来計画，変更，更新に対する対応は考慮されているか，保守点検は安全で容易に可能か，高調波対策・省エネルギー・防災対策などの課題は検討されているかなど，総合的な検討を行う．

1-3　受電設備容量の算定

　高圧受電設備の計画には，対象のビルや工場における設備容量の決定が最初に必要である．なぜなら，設備容量は契約電力をはじめ，受電電圧，受電方式，回路構成など主要な事項を決定する基本の要素となるためである．設備容量を決定するには，高圧受電設備から供給される負荷設備容量を算定し，その合計値から需要率，負荷率を考慮して算定する．

1　負荷設備の調査・負荷の種類

　負荷設備の調査は契約電力の推定，受電電圧・受電方式の決定，回路構成・配

電方式の決定，変圧器の容量・台数の決定，特殊負荷対策，自家発や蓄電池設備の容量決定，高調波対策や省エネルギー対策の必要性の検討などを目的に実施する．

高圧受電設備の負荷はビルや工場など種類・用途により多岐にわたるが，負荷の種類としては，おおむね次のように分けられる．

(a) 電灯・コンセント設備
一般照明用白熱灯，蛍光灯，外灯・道路照明用水銀灯，ナトリウム灯，ネオン，およびコンセントなどの負荷

(b) 一般動力設備
給排水ポンプ，換気用送排風機（ファン），エレベータ・エスカレータなどの搬送設備，各種生産動力設備，電気加熱設備，コンプレッサなどの負荷

(c) 冷房動力設備
空調・冷凍機用動力設備，同補機用ポンプなどの負荷

(d) 非常電灯・動力設備
停電時に予備電源装置に切り換える照明設備，消火栓ポンプ，排煙用ファン，スプリンクラポンプ，非常用エレベータなどの防災設備用負荷

(e) その他
電気炉，整流設備，電気溶接機，暖房器具，乾燥機などの特殊負荷や電算機電源として使用される無停電電源装置（UPS）などの負荷

2 負荷容量の概算

受電設備の基本計画初期段階では，主要な機器を除き負荷の詳細が不明な場合が多い．そこで，建物の用途や規模に応じて，**表1・1**のような建物用途別負荷設備容量などの過去の実績データを参考にして，負荷設備ごとの容量を算定するとよい．

たとえば，延べ面積が $5\,000\,\text{m}^2$ の事務所ビルを想定すると，表1・1から

　　　負荷設備容量 = 約 $140\,\text{W}/\text{m}^2 \times 5\,000\,\text{m}^2$ = 約 $700\,\text{kW}$

この概算値にもとづき，計画の進行にあわせ補正を行っていけばよい．

一方，工場の負荷設備容量は業種，製品，生産量などによって異なるため，計画時における生産量から単位生産量あたりの必要電力量〔kWh〕（**原単位電力量**

■ 表1・1　建物用途別負荷設備容量 ■

建物用途	負荷設備密度〔W/m²〕
事務所	約 140
病院	約 175
ホテル	約 135
デパート	約 130
学校	約 115
共同住宅	約 20

〔出典〕（一社）日本電設工業協会「高圧受電設備の計画・設計・施工」より

■ 表1・2　電力原単位の例 ■
（電気学会：工場配電（オーム社）より）

業種または製品	電力原単位	単位	業種または製品	電力原単位	単位
洋紙	779	kWh/t	セメント	108	kWh/t
板紙	473	kWh/t	アルミナ	411	kWh/t
パルプ（製紙）	726	kWh/t	高炉銑	34	kWh/t
アンモニア	515	kWh/t	電気銑	1 325	kWh/t
カーバイド	3 300	kWh/t	転炉鋼塊	43	kWh/t
石灰窒素	239	kWh/t	電炉鋼塊	500	kWh/t
苛性ソーダ	2 731	kWh/t	粗鋼計	204	kWh/t
ソーダ灰	241	kWh/t	熱間圧延鋼材	194	kWh/t
石油精製	39	kWh/kl	フェロアロイ	2 901	kWh/t

といい，原単位電力量の例を**表1・2**に示す）を利用して需要電力から，概算の設備容量を算出する方法がある．これも，各負荷設備の内容が判明した時点で，その補正と負荷種別ごとの集計を行っていく必要がある．

3　設備容量の算定

設備容量は負荷設備容量に需要率，負荷率，不等率などを用いて算定するが，余裕を多く見込むと設備の増大を招き，契約電力が大きくなり電気料金がアップする事になる．

一方，過小に計算すると負荷の増加に対応できなくなる恐れがあるので，注意が必要である．

(a) ビルにおける設備容量の計算

ビルにおける設備容量計算は **2** 項で計算した負荷設備容量から式(1・1)で計算できる．

$$\text{設備容量} = \frac{\text{総負荷設備容量〔kW〕} \times \text{需要率〔\%〕}}{\text{平均力率〔\%〕}} \text{〔kVA〕} \quad (1・1)$$

需要率は，負荷設備容量に対する実際に使用している負荷の最大電力の比を示したもので，

$$\text{需要率} = \frac{\text{最大需要電力〔kW〕}}{\text{総負荷設備容量〔kW〕}} \times 100 \text{〔\%〕} \quad (1・2)$$

で表される．ビルにおける需要率の例を**表1・3**に示す．

表1・3 ビルにおける需要率の例

建物の種類 負荷の種類	デパート・貸店舗〔%〕	事務所ビル〔%〕
電灯コンセント負荷	74～100	42～79
一般動力	38～64	41～54
冷房動力	4～58	56～90

(b) 工場における設備容量の計算

負荷設備の詳細が明確でない場合は **2** 項で説明したように，原単位電力量を用いて，月間計画生産量から最大需要電力を求め，最大需要電力から設備容量を算出する．式(1・3)に計算式を示す．

$$\text{最大需要電力} = \frac{\text{原単位電力量〔kWh〕} \times \text{月間計画生産量}}{\text{月間操業時間〔h〕}} \times \frac{100}{\text{月負荷率}} \quad (1・3)$$

最大需要電力を求めたら，次に設備容量を式(1・4)で求める．

$$\text{設備容量} = \frac{\text{最大需要電力〔kW〕}}{\text{平均力率〔\%〕}} \times 100 \text{〔kVA〕} \quad (1・4)$$

1-4 設備容量と契約電力

設備容量が求まると次に電力会社との契約電力を算定する必要がある．電力会社との契約電力は電力会社の電気需給約款にもとづき定められている．設備容量や使用電力の種別により，算定方式が異なるため，契約電力の算定方法，契約種別と電気料金とのかかわりなどは，高圧受電設備を計画する場合の重要なポイントとなる．

1 契約電力

契約電力とは，需要家が必要とする使用電力を設備容量から想定して，これ以上使用電力が超過しないという最大使用電力で，電力会社と契約する電力のことである．

逆にいうと，電力会社はこの契約電力までは支障なく電力を供給すると約束する電力で，需要家側は最大この契約電力までは使用できるという電力である．

2 契約電力の計算

高圧受電設備の契約電力の算定方式は次の3種類に大別できる．

(a) 契約負荷設備容量または変圧器などの契約受電設備容量から算定する方法

臨時電力および農事用電力の用途に適用される算定方式で，総受電設備容量に対して，下記のような契約電力換算計数により計算することになっている．

最初の 50 kW	80%
次の 50 kW	70%
次の 200 kW	60%
次の 300 kW	50%
600 kW を超える部分	40%

これにもとづく総受電設備容量に対する契約電力算出計算式は**表 1・4**となる．
たとえば，受電設備容量 500 kVA の場合は

$$500 \times 0.5 + 45 = 295 \,[\mathrm{kW}]$$

と計算される．

表1・4　総受電設備容量に対する契約電力算出方式

受電設備容量	契約電力算出間略式
50 kVA 以下	受電設備容量 × 0.8　〔kW〕
50 kVA～100 kVA	受電設備容量 × 0.7 + 5　〔kW〕
100 kVA～300 kVA	受電設備容量 × 0.6 + 15　〔kW〕
300 kVA～600 kVA	受電設備容量 × 0.5 + 45　〔kW〕
600 kVA 以上	受電設備容量 × 0.4 + 105　〔kW〕

(b) 最大需要電力計による実際の最大電力により算定する方法

いわゆる実量制で，最大需要電力計により計量する方法で，原則的に 500 kW 未満の高圧受電設備の契約電力は，この方法を適用することになっている．

(c) 電力会社との協議により契約電力を算定する方法

電力会社との協議により契約電力を定める方法で，500 kW 以上の高圧受電設備の契約電力は，この方法が適用される．

一般に高圧電力供給は 50 kW～2 000 kW の範囲とされているが，電力会社の供給条件によって弾力供給ができることになっているので，事前によく協議する必要がある．

3　電気料金と契約種別

高圧受電設備の電力契約種別としては，事務所ビルなど電灯や事務機器などが主体の業種に適用される「業務用電力」，工場など動力を主体とする業種に適用される「高圧電力」など，使用用途や電力使用実態にあわせた各種の料金種別がある．

電気料金は，使用電力量に関係なく契約電力により算出される基本料金と使用電力量に応じて支払う電力量料金から計算される．基本料金や電力量料金の単価は電力会社により異なり，各種の料金種別があるので，これらを有効に利用して電力契約をすべきである．

詳細は電力会社発行の電力需給約款に記載されているので参照されたい．

1-5 受電方式と回路構成

受電設備容量が算出されると，次にその容量から受電方式の検討が行われる．高圧受電設備の受電方式は，負荷設備の重要度，予備電源の有無，予想される停電回数などを考慮して，需要家側の希望と電力会社側の供給事情から決定される．

また，受電方式の種類に対応した主回路構成，配電方式，変圧器の容量，バンク構成などを検討する必要がある．

1　受電方式

高圧受電設備の受電方式としては図1・4に示す1回線受電方式と2回線受電方式に大別される．

1回線受電方式には，同一系統に他需要家が接続されているT分岐方式と電力会社の配電用変電所から需要家に専用線で接続される専用線方式がある．**T分岐方式**は他需要家の事故による波及事故の影響を受けやすく，**専用線方式**は供給信頼度，安定性が高くなるが，引込みのための工事負担金が高くなる．

2回線受電方式は，常用引込線（本線）の他に予備引込線（予備線）を設ける方式で，本線が停電しても予備線で受電できるので，切換え時間の停電はあるが受電を継続することができるため，1回線受電方式に比べ供給信頼度は高い．2回線受電方式には同系統2回線方式と異系統2回線方式がある．

専用1回線受電方式や2回線受電方式は，供給信頼度は高くなるが受電設備費や引込工事負担金が高くなるため，高圧受電設備の受電方式としては，ほとんどT分岐方式の1回線受電方式が採用されている．いずれの受電方式を採用するかは，設備の用途，重要度，経済性などを考慮して決定される．

2　回路構成

高圧受電設備の信頼性，安全性，経済性などの良否，使用機器の種類，定格，数量への影響などは，高圧受電設備の回路構成によって決まる．

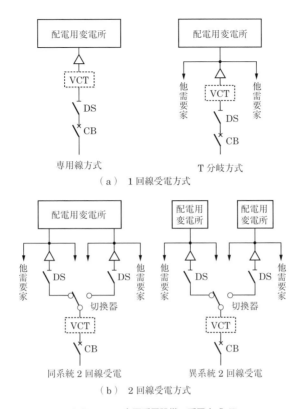

図1・4 高圧受電設備の受電方式

(a) 回路構成にあたっての留意点

回路構成を決めるにあたっては，1-1節で述べた高圧受電設備の要求事項を考慮して，以下の項目に留意する．
(1) 運転・保守に支障がなく，設備や系統構成が簡素化された構成とする．
(2) 信頼度が低下しないよう信頼度の高い構成機器を選ぶ．
(3) 万一の事故でも事故範囲が局限化できるよう保護協調を図る．
(4) 設備の増設，更新，補修などが容易な設備構成とし，経済性を考慮した設備構成とする．
(5) 周囲環境，防災対策，省エネルギーなどが配慮された設備構成とする．

(b) 回路構成における検討事項

回路構成を検討する場合の主な検討事項は以下のような項目である．

(1) 引込方式と責任分界点　電力会社から需要家の受電設備に電力を引き込むための引込方式としては，図1・5のような種類があり，大きく**架空引込み方式**と**地中線引込方式**に分けられる．どの方式を採用するかは電力会社との協議により決定する．

保安上の責任分界点は図1・5に示すように施設の形態によって異なるが，電力会社と需要家とで確認した保安責任の範囲の境界点で，一般的には需要家の構内に設定される．ただし，電気事業者が自家用引込線専用の分岐開閉器を施設する場合，または特別な理由により需要家の構内に設定することが困難な場合は，保安上の責任分界点を需要家の構外に設定することができる．

(2) 電力取引計量点　取引用計器用変成器および取引用計器を設ける場所についても，電力会社によって取付け位置，取付け方法などが異なるので，事前に協議しておく必要がある．

(3) 受電点の遮断電流と遮断器の選定　受電点の遮断電流は，電力会社から提示される「受電用遮断器遮断電流計算書」により確認し，受電点の主遮断装置はこの遮断電流を十分遮断できるものを選定する．

(4) 母線方式　高圧受電設備における母線方式は一般に**単母線方式**が用いられるが，受電方式や負荷の重要度に応じて**二重母線方式**などを採用する場合もある．

(5) 変圧器の容量選定・バンク数と相数　変圧器は単器容量が大きくなるほど経済性や据付スペースの面で有利となるが，容量が大きくなると二次側の短絡電流が大きくなるので，低圧側機器の価格が割高になる．変圧器の容量やバンク数は，負荷の設備容量に対して負荷の種類や運転方式などを考慮して総合的に決定する必要がある．

また，万一の変圧器故障を考えて，三相負荷に単相変圧器を3台組み合わせ，1台故障時には残りの2台でV結線運転する方式が採用されていたこともあったが，最近の変圧器は非常に信頼性が高く，故障も少ないので，三相回路には三相変圧器が採用されている．

もちろん，同一容量の場合，三相変圧器を用いたほうが経済性，据付スペースなどの面で有利となることは明白である．

1-5 受電方式と回路構成

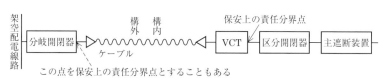

（a）架空配電線路から地中ケーブル（架空ケーブルを含む）を用いて引き込む場合

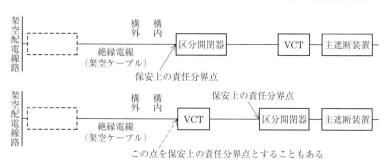

（b）架空配電線路から絶縁電線（架空ケーブルを含む）を用いて引き込む場合

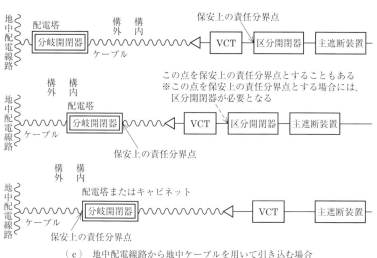

（c）地中配電線路から地中ケーブルを用いて引き込む場合

〔備考〕 ▭ は電気事業者が分岐開閉器を施設する場合があることを示す．

図1・5　保安上の責任分界点および区分開閉器の設定例

(6) 力率改善　進相用コンデンサの設置は，線路損失の減少，電圧降下の低減，高調波電流の抑制などの目的に加え，力率改善による電力量料金の割引が主たる目的で行われる．力率改善を行うかどうか，高圧側に設けるか低圧側に設けるか

などの検討をする．

(7) 負荷側への供給電圧　高圧受電設備では，高圧電動機の回路に直接供給する場合を除いて，変圧器により三相負荷は 200 V，単相負荷は 200 V または 100 V とするのが一般的である．

(8) 短絡電流計算　高圧側の遮断器などは受電点の遮断電流計算書から選定されるが，低圧側の機器定格，保護協調などの検討のため，短絡電流計算を行う．

(9) 非常用電源の設置　消防法や建築基準法などの法規上の制限があるので，非常用電源の容量や接続場所などを検討する．

1-6 高圧受電設備の種類

高圧受電設備の種類は，形態による分類と遮断装置による分類に分けられる．これらの分類における構成や特徴に注意して，選定する必要がある．

1 形態による分類

高圧受電設備を形態別に分類すると，図 1・6 に示すような受電設備を構成する機器を金属箱に収納しない開放形と金属箱に収納する閉鎖形に分けられる．

また，設置場所により受電設備を屋内に設置する屋内式，建物の屋上や敷地屋外や柱上に設置する屋外式がある．

(a) 開放形高圧受電設備

開放形高圧受電設備は，パイプフレームや山形鋼などを組みたて，これに断路器，高圧遮断器，計器用変成器などの各構成機器や高圧，低圧配線，高圧盤，低

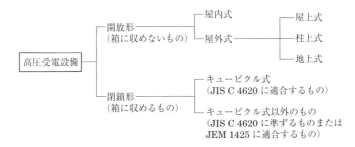

図 1・6　高圧受電設備の形態別分類

圧盤などを取り付けて高圧受電設備を構成するもので，安全性などの観点から採用例が少なくなってきている．

開放形には次のような特徴がある．
① 機器や配線などが直接目視できるので，日常点検が容易である．
② 遮断器，変圧器など大型の機器の増設，更新が容易である．
③ キュービクル式に比べ比較的広い設置スペースが必要となる．
④ 充電部が露出しているので，点検・保守作業時など危険が生じやすい．
⑤ 屋外の場合，じんあい，腐食，塩害などの影響を受けやすい．
⑥ 現地での組立てとなるので，据付工事や配線工事の工事工程が長い．

(b) 閉鎖形高圧受電設備

閉鎖形高圧受電設備では，JIS C 4620 で規定する「キュービクル式高圧受電設備」に適合したキュービクル式と，JEM 1425 で規定された「金属閉鎖形スイッチギヤ」に区別できる．

(1) キュービクル式高圧受電設備　高圧受電設備のキュービクル式は JIS C 4620 で「高圧の受電設備として使用する機器一式を金属箱内に収めたもの」と定義され，公称電圧 6.6 kV，系統短絡電流 12.5 kA 以下，受電設備容量 4 000 kVA 以下のキュービクルについて規定している．

キュービクル式高圧受電設備は，一般に主遮断装置や取引用変成器を収納した受電箱と変圧器，コンデンサなどを収納した配電箱とから構成され，その特徴は次のとおりである．
① 金属箱に充電部，機器一式などが収納されているので，感電などの危険性が少ない．
② 各収納盤相互間には隔壁がない．
③ 量産された標準的なキュービクルなので安価であり，内部機器が簡素化されている．
④ 開放形に比べ設備の占有面積が少なくでき，保守点検が容易である．
⑤ 工場で組み立てられるため，現地における工事期間が短縮できる．
⑥ 屋外用の金属箱は防雨構造となっている．

(2) 金属閉鎖形スイッチギヤ　JEM 1425「金属閉鎖形スイッチギヤ」で規定された高電圧（36 kV 以下），大容量（母線容量 5 000 A 以下）の閉鎖形高圧受電

設備で，定格，閉鎖構造などが小規模から大規模な設備までカバーされている．キュービクル式高圧受電設備に比べ，4 000 kVA を超えるような大規模な設備まで適用可能で，さらに次のような特徴がある．

①単位回路ごとに標準化が図られ，装置の互換性があるので，増設更新が容易．
②収納機器や盤ごとに金属などで隔離されており，万一事故が発生してもその拡大が防止できる．
③遮断器の盤外に引出しできる構造など，機器の保守点検が安全かつ容易にできる．

(c) その他

(1) 推奨キュービクル　推奨キュービクルは（一社）日本電気協会により JIS 規格に適合していることを証明する制度で，図 1・7 に示すような推奨銘板が取り付けられている．

(2) 認定キュービクル　認定キュービクルは（一社）日本電気協会の消防用設備などに非常電源を供給するための「キュービクル式非常電源専用受電設備」の自主認定制度によるもので，図 1・8 のような認定銘板が取り付けられている．

図 1・7　推奨銘板

図 1・8　認定銘板

2　主遮断装置による分類

高圧受電設備を主遮断装置の面から分類すると，図 1・9 に示す主遮断装置の形式より，CB 形，PF・S 形の 2 種類に分類される．それぞれの各方式の特徴，制約条件，回路構成などは以下のとおりである．

(a) CB 形高圧受電設備

CB 形高圧受電設備は，主遮断装置に受電点の短絡遮断電流以上の遮断電流を

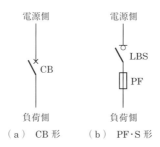

図1・9　遮断装置別分類

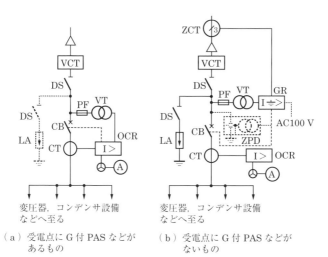

〔備考1〕点線のZPDは，DGRの場合に付加する．
〔備考2〕点線のLAは，引込ケーブルが比較的長い場合に付加する．
〔備考3〕点線のAC 100 Vは，変圧器二次側から電源をとる場合を示す．

図1・10　CB形高圧受電設備（高圧受電設備規程）

持つ高圧遮断器を使用するもので，過負荷，短絡，地絡などが生じたとき，過電流継電器や地絡継電器などの保護継電器と組み合わせて，設備を保護する高圧受電設備である．小容量から大容量まで幅広く採用されており，CB形の高圧受電設備の接続図例を**図1・10**に示す．

(b) PF・S形高圧受電設備

PF・S形高圧受電設備は，受電点の短絡遮断電流以上の遮断電流を有する高圧電力ヒューズと交流負荷開閉器を組み合わせた方式で，短絡電流は電力ヒューズ，

負荷電流の開閉は交流負荷開閉器で行うものである．負荷開閉器に引外し機構付きのものを使用し，負荷開閉器の開閉能力以内の過電流・地絡電流などを遮断する機能を付加したものもある．装置が簡素かつ安価であり，保守も容易で受電設

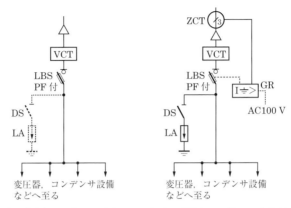

（a）受電点に G 付 PAS などがあるもの
（b）受電点に G 付 PAS などがないもの

〔備考 1〕点線の LA は，引込ケーブルが比較的長い場合に付加する．
〔備考 2〕点線の AC 100 V は，変圧器二次側から電源をとる場合を示す．

■ 図 1・11　PF・S 形高圧受電設備（高圧受電設備規程）■

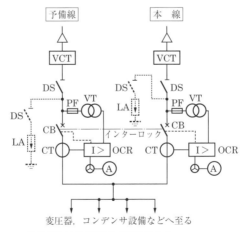

受電点に G 付 PAS などがあるもの
（CB のインターロックにより切り換える場合）

■ 図 1・12　本線予備線による受電設備（高圧受電設備規程）■

備容量が300 kVA以下の小規模な設備に使用されている．PF・S形の高圧受電設備結線図例を**図1・11**に示す．

(c) その他の高圧受電設備

前項では1回線受電の基本的な受電方式を示したが，その他，2回線受電の場合や非常用自家発電設備が設置される場合などがある．

本線予備線による受電設備の結線図例を**図1・12**に，非常用発電設備の設置された高圧受電設備結線図例を**図1・13**に示す．

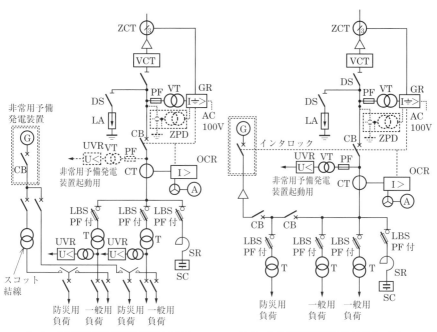

（a）非常用予備発電装置が低圧の場合　　（b）非常用予備発電装置が高圧の場合

〔備考1〕非常用予備発電装置より防災負荷（消防用設備等の負荷，非常照明・排煙設備および保安上，管理上必要な負荷をいう）へ供給する場合，適切なインタロックをとること．本図は切換開閉装置による一例を示す．
〔備考2〕点線のZPDは，DGRの場合に付加する．
〔備考3〕母線以降の結線は，一例を示す．
〔備考4〕受電点に地絡保護装置がある場合，地絡継電装置は必要としない．
〔備考5〕点線のAC100Vは，変圧器二次側から電源をとる場合を示す．

〔備考1〕非常用予備発電装置より防災負荷（消防用設備等の負荷，非常照明・排煙設備および保安上，管理上必要な負荷をいう）へ供給する場合，適切なインタロックをとること．本図は，主遮断装置と発電機遮断器にてインタロックを施した一例を示す．
〔備考2〕点線のZPDは，DGRの場合に付加する．
〔備考3〕母線以降の結線は，一例を示す．
〔備考4〕受電点に地絡保護装置がある場合，地絡継電装置は必要としない．
〔備考5〕点線のAC100Vは，変圧器二次側から電源をとる場合を示す．

図1・13　非常用発電設備が設置された高圧受電設備（高圧受電設備規程）

3 高圧受電設備選定のポイント

高圧受電設備を計画する場合，どのような形態にするか，主遮断装置の形式はどのようにするかなどは，設備を運用する側にとっては大きく影響する問題である．

(a) 形態の選定

高圧受電設備の形態を決める大きな要素は建設費と受電設備の使用目的が関わるため，一般に，土地の購入や建屋費用の面からは屋外形が有利とされている．一方，環境や保守点検の面や，ビルのように建物のスペースがあり一部を電気室にできる場合は屋内式としたほうがよい．

■ 表1・5 主遮断装置の形式と施設場所による設備容量制限（高圧受電設備規程）■

受電設備方式	主遮断装置の形式		CB形〔kVA〕	PF・S形〔kVA〕
箱に収めないもの	屋外式	屋上式	制限なし	150
		柱上式	—	100
		地上式	制限なし	150
	屋内式		制限なし	300
箱に収めるもの	キュービクル （JIS C 4620（2004）「キュービクル式高圧受電設備」に適合するもの）		4 000	300
	上記以外のもの （JIS C 4620（2004）「キュービクル式高圧受電設備」に準ずるものまたはJEM 1425（2011）「金属閉鎖形スイッチギヤおよびコントロールギヤ」に適合するもの）		制限なし	300

〔備考1〕表の欄に—印が記入されている方式は，使用しないことを示す．
〔備考2〕「箱に収めないもの」は，施設場所において組みたてられる受電設備を指し，一般的にパイプフレームに機器を固定するもの（屋上式，地上式，屋内式）や，H柱を用いた架台に機器を固定するもの（柱上式）がある．
〔備考3〕「箱に収めるもの」は，金属箱内に機器を固定するものであり，JIS C 4620（2004）「キュービクル式高圧受電設備」に適合するもの，およびJIS C 4620（2004）「キュービクル式高圧受電設備」に準ずるものまたはJEM 1425（2011）「金属閉鎖形スイッチギヤおよびコントロールギヤ」に適合するものがある．
〔備考4〕JIS C 4620（2004）「キュービクル式高圧受電設備」は，受電設備容量4 000 kVA以下が適用範囲となっている．

また，閉鎖形か開放形のどちらを採用するかについては，開放形に比べ閉鎖形のほうが価格は一般的に高くなるが，開放形は設置スペースが大きくなるので，ビルなどの建物に設置する場合などは，建築費の面から閉鎖型形のほうが割安といえる場合もあり，総合的に検討する必要がある．

　一般的な傾向としては，将来の増設対応や工事期間，安全性，保守点検の面などから，屋内・屋外式とも閉鎖形になってきている．

(b) 主遮断装置の選定

　信頼性や保護機能などからどの方式の主遮断装置を採用するかを決めることになるが，高圧受電設備規程では，表 1・5 に示すように主遮断装置の形式と施設場所により設備容量に制限を設けている．

1-7 非常用電源の準備

　高圧受電設備における非常用電源は，業務上または保安上必要なために設置するものや，消防法や建築基準法で設置が義務づけられているものがある．消防法における非常用電源の設置義務，非常用電源設備の種類，消防法上で規定されているキュービクル式非常電源専用設備などは，高圧受電設備を扱ううえで必要な事項である．

1 非常用電源設備の設置義務

　電気を動力源とする消防用設備は，火災の早期発見，通報，初期消火および安全避難するため，いかなる場合でもその機能を発揮するよう非常用電源設備の設置を消防法で義務づけられている．

　表 1・6 は非常電源を必要とする消防設備とその種類を示したものである．

2 非常電源の種類

　非常電源の種類としては，消防法施行規則第 12 条により「非常電源専用受電設備」，「自家発電設備」，「蓄電池設備」，「燃料電池設備」の 4 種類が定められているが，劇場，百貨店，旅館，病院等の特定防火対象物のうち，延べ面積が 1 000 m^2 以上のものは，「自家発電設備」，「蓄電池設備」または「燃料電池設備」でなけ

I章　高圧受電設備の計画と設計

表1・6　非常電源を必要とする消防設備の種類

消防用設備等 \ 非常電源	非常電源専用受電設備	自家発電設備 蓄電池設備*1 燃料電池設備	蓄電池設備*2	蓄電池設備*2と他の非常電源の併用	容量（以上）
屋内消火栓設備	△	○	○	－	30分間
スプリンクラー設備	△	○	○	－	30分間
水噴霧消火設備	△	○	○	－	30分間
泡消火設備	△	○	○	－	30分間
不活性ガス消火設備	－	○	○	－	60分間
ハロゲン化物消火設備	－	○	○	－	60分間
粉末消火設備	－	○	○	－	60分間
屋外消火栓設備	△	○	○	－	30分間
自動火災報知設備	△	－	○	－	10分間
ガス漏れ火災警報設備	－	○	○	○*3	10分間
非常警報設備	△	－	○	－	10分間
誘導灯	－	－	○	○*5	20分間*4
排煙設備	△	○	○	－	30分間
連結送水管（加圧送水装置）	△	○	○	－	120分間
非常コンセント設備	△	○	○	－	30分間
無線通信補助設備	△	－	○	－	30分間

*1　直交変換装置を有する蓄電池設備
*2　直交変換装置を有しない蓄電池設備
*3　1分間以上の容量の蓄電池設備と，40秒以内に電源切換えが完了する自家発電設備，燃料電池設備，直交変換装置を有する蓄電池設備との併用．
*4　大規模・高層の建築物等に設置される階段通路誘導灯については，60分間以上．
*5　20分間を超える容量部分については，自家発電設備，燃料電池設備，直交変換装置を有する蓄電池設備でも可．

備考　本表の記号は，次のとおり．
　　　○：適応するものを示す．
　　　△：特定防火対象物以外の防火対象物または特定防火対象物で延べ面積1 000 m²未満のものにのみ適応できるものを示す．
　　　－：適応できないものを示す．

((一社)日本内燃力発電設備協会：自家用発電設備専門技術者・可搬形発電設備専門技術者講習テキスト)

ればならないとされている．

(a) 非常電源専用受電設備
　消防用設備等専用の変圧器によって受電するかまたは主変圧器の二次側から直接専用の開閉器によって受電し，他の回路によって遮断されない受電設備をいう．

(b) 自家発電設備
　内燃機関，ガスタービンを原動機とする発電設備で，常用電源が停電した場合，自動的に電気を供給する方式のものをいう．

(c) 蓄電池設備
　鉛蓄電池，アルカリ蓄電池，リチウムイオン電池，ナトリウム硫黄（NaS）電池またはレドックスフロー電池を使用し，充電装置と逆変換装置を有するものと直交変換装置を有するものがあり，常用電源が停電した場合にこれらの電源に自動的に切り換わる方式のものをいう．

(d) 燃料電池設備
　常用電源が停電した場合に，燃料電池の電源に自動的に切り換わる方式のものをいう．

1-8　分散電源の構成と種類

　近年，電源供給に対する要求には，供給の信頼性，安定性だけではなく，温室効果ガス排出量の削減や非常時の電源供給などがある．そのような社会的要求に応える電源として分散電源が注目されている．

　分散電源とは，一般に比較的小規模な発電装置を分散配置した電源のことをいう．平成23年3月に発生した東日本大震災以降，事業継続計画（BCP：Business Continuity Plan）への関心が高まり，分散電源の導入が拡大している．

　分散電源は，エネルギー源で分類すると，ガスなどの化石燃料をエネルギー源とする発電設備と，太陽光，風力，バイオマス，水力など化石燃料を使用しない再生可能エネルギー発電設備がある．また，化石燃料をエネルギー源とする分散電源の中に，発電と同時に廃熱を利用することでエネルギー効率を高めたコージェネレーション発電設備がある．

I章　高圧受電設備の計画と設計

1　分散電源の役割

分散電源に求められる主な役割は次のとおりである．

(a) 電力需給の緩和

分散電源による発電により，受電電力（購入する電力）を低減し，電力料金を削減することができる．特に，需要家の負荷が大きく，電力需給の逼迫した時間帯での発電はピークカットと呼ばれ，電力需給の緩和に貢献する．

(b) 温室効果ガスの削減

太陽光や風力などの化石燃料を使用しない発電設備や廃熱を利用するコージェネレーション発電設備は，発電時に二酸化炭素の排出量がゼロもしくは少ないため，温室効果ガス排出量を削減し，地球温暖化防止に寄与する．

(c) 商用電源のバックアップ

分散電源は，電力会社からの供給が停止した際にも電力を供給できるため，バックアップ電源として活用できる．分散電源において，商用電源と連系せず自立して電源を供給できる機能を自立運転機能という．自立運転機能を有する太陽光発電や風力発電では，発電出力が天候などに左右されるため，バックアップ電源としての利用には注意が必要である．

2　分散電源を取り巻く環境

2014年4月に政府が策定したエネルギー基本計画では，「多層化・多様化した柔軟なエネルギー需給構造の構築」の実現を目指している．さらに，需要家が分散型エネルギーシステムなどを通じて自ら供給に参加できるようになることは，エネルギー需給構造に柔軟性を与えることにつながるとして，分散電源の普及拡大を後押ししている．また，平成24年9月に政府が発表した「革新的エネルギー・環境戦略」によれば，平成32年（2020年）の総発電量に占める再生可能エネルギー発電の比率を30%とする目標が掲げられている．

以下に，分散電源に関する主な政策，制度を紹介する．

(a) 規制緩和

分散電源は，高圧受電設備に導入する場合，電気事業法の定める一般用電気工作物に該当し，関連法令による規制を受ける．近年，分散電源の普及拡大を図る

ため，それらの規制が順次緩和されてきている．

例えば，太陽光発電設備の場合，平成 23 年に一般用電気工作物となる発電出力の範囲が，20 kW 未満から 50 kW 未満に拡大されたほか，平成 24 年には大規模太陽光発電設備いわゆるメガソーラの普及拡大に伴い，工事計画届出および審査の不要となる範囲が発電出力 500 kW 未満から 2 000 kW 未満に拡大されている．

そのほか，電気設備技術基準の改正により，分散電源の系統連系要件が一部緩和されるなど，今後も安全や系統の安定に配慮しつつ，順次規制が緩和されるものと思われる．

(b) 再生可能エネルギー固定価格買取制度

平成 24 年 7 月に，再生可能エネルギーで発電した電力を高い価格で電力会社が買い取る再生可能エネルギー固定価格買取制度（FIT：Feed In Tariff）が開始され，近年普及が急速に拡大している．

また，再生可能エネルギーを導入する事業者もしくは個人に対する補助金の支給も，自治体などから継続して行われている．

3　分散電源の特徴と構成

分散電源の特徴と構成は，次のとおりである．

(a) 特徴

分散電源にはさまざまな種類があるが，代表的な太陽光発電，風力発電，バイオマス発電，小水力発電，コージェネレーション発電について，それらの特徴を**表 1・7** に示す．

(b) 構成

(1) 太陽光発電設備　　太陽光発電設備は，太陽光のエネルギーを直流電力に変換する太陽電池モジュールと，発電された直流電力を集める接続箱と集電箱，直流電力を交流電力に変換する逆変換装置（パワーコンディショナ）から構成される．一般的な太陽光発電設備の構成を**図 1・14** に示す．この図において，複数の太陽電池モジュールをまとめて設置した一群を太陽電池アレイという．

(2) 風力発電設備　　風力発電設備の構成例を**図 1・15** に示す．風力発電設備は，一般的なプロペラ式の場合，風力を受けて回転する力を得る風車（ブレード），風車の回転を発電機に必要な回転数に上げる増速機，電力を発生する発電機，増

表1・7 各種分散電源の特徴

種　類	特　徴
太陽光発電	太陽電池（シリコンなどの半導体に光が当たると電気が発生する光電効果を応用したもの）によって太陽の光を直接電気に変えて発電を行う．
風力発電	自然の風の力により風車を回し，発電機を駆動して発電を行う．プロペラ形の風車が主流である．
バイオマス発電	木質チップや，燃えるゴミなどを燃焼する際の熱で蒸気を発生させ，その蒸気の力を利用して発電を行う．発電した後の廃熱も利用可能である．
小水力発電	比較的小規模な水の流れや水路の落差を利用して発電機を駆動し，発電を行う．一般的に1 000 kW以下を小水力発電と呼ぶ．
コージェネレーション発電	石油や天然ガスなどの燃料を燃焼して発電を行うと同時に，燃焼による廃熱を利用することによりエネルギー効率を高める．

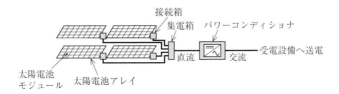

図1・14　太陽光発電設備の構成例

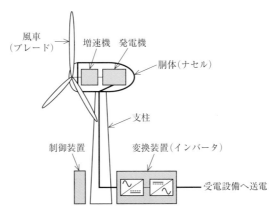

図1・15　風力発電設備（プロペラ式）の構成例

速機と発電機を収納する胴体（ナセル），発電された電力の周波数を安定させる変換装置（インバータ），制御装置から構成される．

(3) バイオマス発電設備　バイオマス発電設備は，使用する燃料によりいくつかの種類に分類され，間伐材などを燃料とする木質系，稲わらや籾殻などを燃料とする農産系，生ゴミや食品廃棄物を利用する食品系などの種類がある．ここでは木質系バイオマス発電設備を例として紹介する．

木質系バイオマス発電設備は，木質燃料（チップ）を直接燃焼する方式（直接燃焼方式）と，原料をガス化して得られる燃料を燃焼する方式（ガス化方式）に分かれる．直接燃焼式の木質系バイオマス発電設備の構成例を**図 1・16**に示す．直接燃焼式のバイオマス発電設備の場合，原料を乾燥させる乾燥機，原料を細かくする破砕機，燃料を燃やして蒸気を発生させるボイラ，蒸気タービン発電装置で構成される．

(4) 小水力発電設備　小水力発電とは，水の流れや水路の落差を利用して発電機を駆動し，発電を行う方式である．一般的に発電出力が 1 000 kW 以下の小規模なものを小水力発電設備という．

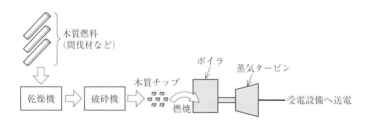

■ **図 1・16　木質系バイオマス発電設備（直接燃焼式）の構成例** ■

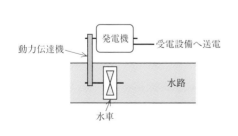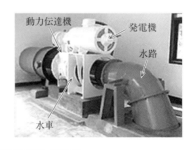

■ **図 1・17　小水力発電設備の構成例と外観** ■

小水力発電設備の構成例と外観を図1・17に示す．小水力発電設備は，水の流れを受けて回転する水車，水車の回転エネルギーを発電機に伝える動力伝達機（ベルト，増速機など），発電機にて構成される．

(5) コージェネレーション発電設備　　コージェネレーション発電設備は，内燃機関にガスエンジンやディーゼル，ガスタービンを使用した発電装置と，その発電装置から発生した廃熱を回収する廃熱交換器もしくは排気ガスボイラから構成される．ガスエンジンを適用したコージェネレーション発電設備の構成例を図1・18に示す．

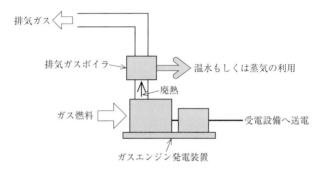

図1・18　コージェネレーション発電設備の構成例

4　分散電源の系統連系

　分散電源を高圧受電設備に接続する場合は，電気設備に関する技術基準を定める省令（以後，電気設備技術基準）および同解釈，系統連系技術要件ガイドラインに沿った系統連系用保護継電器を設ける必要がある．分散電源と接続する際の高圧受電設備の系統の例として，太陽光発電設備の場合を図1・19に示す．太陽光発電により発電された電力は負荷に供給されるが，負荷よりも太陽光発電が大きく電力が余ったときは，図1・19の①の矢印のとおり電力会社の系統に向かって電力が流れる．これを逆潮流という．太陽光発電よりも負荷の方が大きいときは図1・19の②の矢印のとおり足りない電力が電力会社から供給される．電力会社に余った電力を売る場合は，図1・19の①と②で流れた電力量を計測する必要があるため，受電点に売電用電力量計と買電用電力量計の二つを設ける．

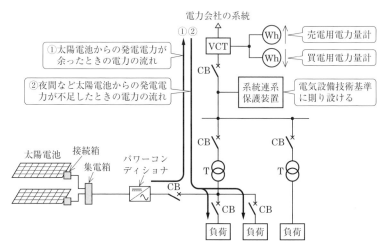

図1・19 太陽光発電設備と高圧受電設備の接続例

5 分散電源の課題

　分散電源は，電力会社の大規模発電設備と比べ，発電場所と消費場所が近く，送電損失が少ないことや停電時も負荷送電が可能となるが，その反面，比較的小規模であるためいくつかの課題がある．

　自然エネルギーを活用した発電設備の場合，気象条件による出力変動が大きく，電力系統の安定化に負の影響を与える．また，化石燃料を利用した方式と比較して効率が低く，発電コストが高くなる．例えば太陽光発電設備の場合，効率が低いため，設置に広大な面積が必要となり，建設コストが高くなる．

　今後は，安定性や効率を高めるためのエネルギーマネジメントシステムの導入や，出力変動を抑えるための蓄電池の導入などが進むものと考えられる．

2章
設備機器の役割と選び方

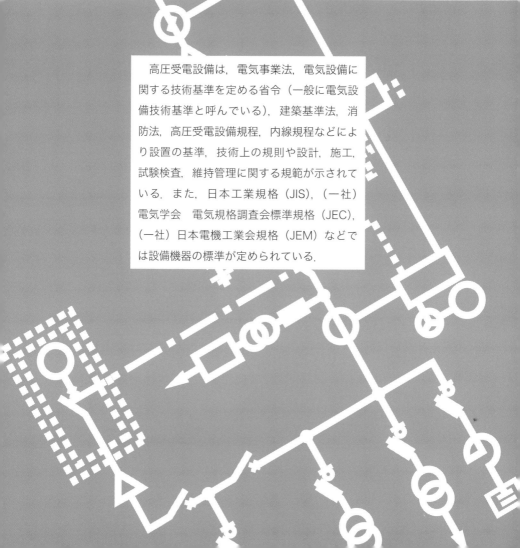

　高圧受電設備は，電気事業法，電気設備に関する技術基準を定める省令（一般に電気設備技術基準と呼んでいる），建築基準法，消防法，高圧受電設備規程，内線規程などにより設置の基準，技術上の規則や設計，施工，試験検査，維持管理に関する規範が示されている．また，日本工業規格（JIS），（一社）電気学会　電気規格調査会標準規格（JEC），（一社）日本電機工業会規格（JEM）などでは設備機器の標準が定められている．

2-1 高圧遮断器 (CB：Circuit breaker)

交流遮断器は，JIS C 4603「高圧交流遮断器」において，「交流電路に使用し，常規状態の電路のほか，異常状態，特に短絡状態における電路をも開閉できる装置」と規定されている．適用範囲は，「公称電圧 3.3 kV または 6.6 kV の周波数 50 Hz または 60 Hz の高圧受電設備に使用する高圧交流遮断器で，定格電圧 3.6 kV，定格遮断電流 16 kA 以下，定格電圧 7.2 kV，定格遮断電流 12.5 kA 以下のもの」となっている．また，JEC-2300「交流遮断器」でも適用範囲を除き同様の記載内容である．

1 遮断器の役割

遮断器は，通常の負荷電流を開閉し，電動機や電灯等の負荷設備や電力，配電系統を任意に運転，停止させるとともに，機器，系統に故障が発生した場合は，保護装置との組合せで自動的に遮断して故障箇所を系統から切り離す目的で使用される．

2 高圧遮断器の種類

高圧受変電設備に使用される遮断器の種類は，小形・軽量，省メンテナンス，低コストなどから，構造，形状などにより多機種が製作，使用されている．消弧媒体，消弧方式により分類すると，現状多く使用されている機種はおおむね次のようになる．

(1) 油入遮断器（OCB：Oil circuit breaker）
(2) 磁気遮断器（MBB：Magnetic blow-out circuit breaker）
(3) 真空遮断器（VCB：Vacuum circuit breaker）

高圧受電設備用には，長年にわたり安価なことから油入遮断器が使用されていたが，近

■ 図 2・1　真空遮断器の外観

年では小形・軽量，省メンテナンスの要求から真空遮断器が主流となっている．図 2・1 に真空遮断器の外観を示す．

3 高圧遮断器の定格

高圧受電設備に使用される真空遮断器の定格例を表 2・1 に示す．

表 2・1 真空遮断器の定格例

閉路操作方式		電動ばね操作		
据付方法		引出形	固定形	引出形	固定形
定格	電圧〔kV〕	7.2			
	電流〔A〕	400		600	
	遮断電流〔kA〕	8		12.5	
	参考遮断容量〔MVA〕	100		160	
	周波数〔Hz〕	50, 60			
	投入電流〔kA〕	20		31.5	
	短時間耐電流〔kA〕	8 (1 s)		16 (2 s)	
	遮断時間（サイクル）	3			
	標準動作責務	A 号（O-(1 分)-CO-(3 分)-CO）			

4 高圧遮断器の選定

機種の選定にあたっては，遮断器の性能（遮断電流など），遮断器の使用目的，使用状態，使用条件，保守体制，経済性を考慮しながら最適な機種を選定する．

(a) 定格遮断電流の選定

回路の短絡電流以上の定格遮断電流を有する機種を選定する．高圧受電設備の場合，受電遮断器遮断電流計算書によって，電力会社から受電点の短絡遮断電流値が指示されるので，受電点から遮断器設置点までの配線インピーダンスを考慮して定格遮断電流を算出決定する．

(b) 操作および制御方式

遮断器の投入，引外し操作は動作させるエネルギー源により分類される．手動操作，動力操作（ソレノイド操作，ばね操作など）が代表的であるが，永久磁石とばねを組み合わせたバランス形電磁操作もある．高圧受電設備に使用される遮

断器では，手動直接操作および電動ばね操作が多く使われている．

回路の故障に際しては，遮断器を自動的に遮断するための引外し方式には次の種類がある．

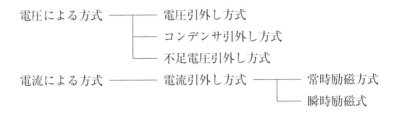

(1) 電圧引外し方式　遮断時に直流または交流電圧を印加し動作させる方式で，どの保護継電方式にも適用でき信頼性も高い．別途制御電源が必要である．
(2) コンデンサ引外し方式　電圧引外し装置にコンデンサを付加し，常時コンデンサを充電しておき，その放電エネルギーによって遮断させる方式．
(3) 不足電圧引外し方式　遮断器の引外し装置に常時電圧を印加しておき，引外し回路の開放によって動作させる．
(4) 電流引外し方式　系統事故電流を変流器によって二次電流に変成し，その二次電流で遮断器を引き外す方式である．**図 2・2** に変流器二次電流による電流引外し方式を示す．

キュービクル式高圧受電設備の CB 形保護方式として，電流引外し方式が多用されているが，近年系統遮断電流の増大などから，適用には注意が必要である．

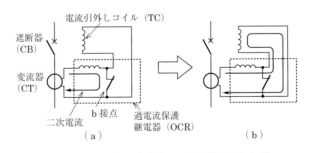

図 2・2　変流器二次電流による電流引外し方式

2-2 高圧断路器(DS:Disconnecting switch)

 高圧断路器は,JIS C 4606「屋内用高圧断路器」において,「単に充電された電路を開閉分離するために用いる開閉機器で,負荷電流の開閉を目的としないもの」と規定されている.適用範囲は,「公称電圧3.3 kVまたは6.6 kV,ならびに周波数50 Hzおよび/または60 Hzで短時間耐電流12.5 kA以下および定格電流600 A以下の手動操作の屋内用交流気中断路器」となっている.また,JEC-2310「交流断路器」でも適用範囲を除き同様の記載内容である.

1 断路器の役割

 断路器は機器の点検修理,変更工事において回路,機器を電源から切り離す目的で,母線の区分,変圧器の結線変更や回路の接続変更などに使用される開閉器で,定格電圧のもと無負荷状態の電路を開閉するためのものである.電流を開閉する能力はもっておらず電圧を開閉するのみで,負荷電流の開閉はできない.ただし充電された母線,ケーブルなどの充電電流,計器用変圧器などの励磁電流,小電流の開閉性能を有するものも含まれる.

2 高圧断路器の種類と定格

 高圧受電設備に使用される断路器の種類と定格例を表2・2に示す.

■ 表2・2 断路器の種類と定格例 ■

種類		単極単投形			3極単投形					
操作方法		フック棒操作			フック棒操作			遠方手動操作		
定格	電圧〔kV〕	7.2			7.2					
	電流〔A〕	200	400	600	200	400	600	200	400	600
	短時間電流〔kA〕	8 (1秒)	12.5 (1秒)	20 (1秒)	8 (1秒)	12.5 (1秒)	20 (1秒)	8 (1秒)	12.5 (1秒)	20 (1秒)
適用規格		JIS C 4606			JIS C 4606					

(a) 単極単投形フック棒操作方式断路器

 支持台をV字形に構成し小形化,裏面接続が可能で据付面積の省スペース化,

支持がいしはエポキシ樹脂がいしの採用で軽量化が図られている．図2・3に単極単投形フック棒操作方式断路器の外観を示す．

(b) 3極単投形遠方操作方式断路器

単極形断路器を共通ベースに取り付け，操作装置とを連結ロッドで接続された構成である．特徴は遮断器を投入状態で断路器を開路できないように，また，断路器操作中に遮断器を投入できないよう電気的インタロックが構成できることである．図2・4に3極単投形遠方操作方式断路器の外観を示す．

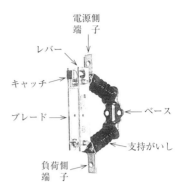

図2・3　単極単投形フック棒操作方式断路器の外観

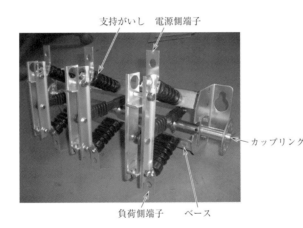

図2・4　3極単投形遠方操作方式断路器の外観

3　断路器の選定

断路器は受電点など回路の重要な箇所に使用されるので，その選定は慎重に行わなければならない．

(a) 定格電圧

規定条件のもとで印加できる使用電圧の限度を表し，6.6 kV回路には定格電圧7.2 kVのものを使用する．

(b) 定格電流

定格電圧，定格周波数のもとで連続通電できる電流の限度を表し，将来の負荷増や負荷変動，突入電流など，電流増加分を見込んで選定する．

(c) 定格短時間電流

規定の回路条件のもとで，規定の時間（1秒または2秒間）通電しても断路器に異常を生じない電流をいい，回路の短絡電流値以上の定格を使用する．

2-3 高圧交流負荷開閉器（LBS：Load break switch）

高圧交流負荷開閉器は，JIS C 4605「高圧交流負荷開閉器」において，動作責務により「はん（汎）用負荷開閉器」「専用負荷開閉器」「高頻度はん用負荷開閉器」に区別され，はん用負荷開閉器は，「電流が定格開閉容量以下のとき，配電系統において通常のすべての開閉ができ，短絡電流を通電および投入できる開閉器」と規定されている．適用範囲は，「公称電圧 3.3 kV または 6.6 kV，周波数 50 Hz または 60 Hz で短絡電流 12.5 kA 以下，定格電流 600 A 以下の手動操作式または電気動力操作式の屋内および屋外設備用三相交流負荷開閉器および断路機能付き負荷開閉器」となっている．また，関連 JIS として，JIS C 4607「引外し形高圧交流負荷開閉器」，JIS C 4611「限流ヒューズ付高圧交流負荷開閉器」がある．

1 高圧交流負荷開閉器の役割

高圧交流負荷開閉器は，変圧器や電動機，コンデンサ，系統の運転・停止（区分開閉器）など負荷電流が流れている回路の開閉に使用される．高圧受変電設備の中では多岐にわたり使用されており，一般には電力ヒューズと組み合わせて使用されることが多い．

2 高圧交流負荷開閉器の種類

高圧負荷開閉器には，高圧需要家の受電点の区分開閉器として使用されるものと高圧受電設備で使用されるものがある．

表 2・3 に高圧交流負荷開閉器の種類を示す．

■ 表2・3 高圧交流負荷開閉器の種類 ■

	区分開閉器で使用される 高圧負荷開閉器	高圧受電設備で使用される 高圧負荷開閉器
設置場所による種類	1) 屋内用 2) 屋外用	1) 屋内用
開閉操作エネルギーによる種類	1) 手動操作式 2) 電気動力操作式 　a) 電磁操作（ソレノイド操作）方式 　b) 電動操作式	1) 手動操作式 2) 電動操作式
消弧媒質による種類	1) 気中（A） 2) 真空（V） 3) ガス（G）	1) 気中（A）
外被構造による種類	1) 開放形 2) 閉鎖形	
屋外用防水性による種類	1) 防雨形 2) 防まつ形 3) 耐水形	
屋外用耐塩じん汚損性による種類	1) 一般用 2) 耐軽塩じん性 3) 耐中塩じん性 4) 耐重塩じん性	
過電流ロック機能の有無による種類	1) ないもの（引外し装置付高圧交流負荷開閉器） 2) あるもの（過電流ロック形高圧交流負荷開閉器）	
引外し装置の種類	1) 電圧引外し方式 2) コンデンサ引外し方式	1) 電気的引外し方式（ストライカ連動の場合） 2) 機械的引外し方式（ストライカ連動の場合）
規格	JIS C 4605, JIS C 4607	JIS C 4605, JIS C 4607, JIS C 4611

(a) 区分開閉器

電力会社と高圧需要家の責任分界点として高圧需要家の受電点に設けられる負荷開閉器であり，消弧媒質により気中負荷開閉器（PAS），真空負荷開閉器（PVS），ガス負荷開閉器（PGS）がある．

(b) 高圧受電設備に使用される高圧負荷開閉器

負荷開閉器と限流ヒューズを組み合わせた限流ヒューズ付負荷開閉器（LBS）が多く使用されている．限流ヒューズ付負荷開閉器は，限流ヒューズで過負荷保護と短絡保護を行い，負荷開閉器で負荷電流を開閉する．

2-3 高圧交流負荷開閉器（LBS：Load break switch）

3　高圧負荷開閉器の定格

　屋内用気中負荷開閉器の外観を**図 2・5**に，屋内用気中負荷開閉器の定格例を**表 2・4**に示す．

　屋外用柱上気中負荷開閉器の外観を**図 2・6**に，屋外用柱上気中負荷開閉器の定格例を**表 2・5**に示す．

図 2・5　屋内用気中負荷開閉器の外観

表 2・4　屋内用気中負荷開閉器の定格例

電圧〔kV〕		7.2	
電流〔A〕		100	200
開閉容量〔A〕	負荷電流	100	200
	充電電流	60	
	励磁電流	20	
	コンデンサ電流	60	
周波数〔Hz〕		50，60	
過負荷遮断電流〔A〕		1 500	
地絡遮断電流〔kA〕		30（電圧引外し装置ありの場合）	
投入遮断電流〔kA〕		A20（1 回）	
遮断電流〔kA〕		8（1 秒）	
開閉寿命〔回〕	機械的	1 000	
	電気的	200	
操作方法		フック棒操作	
標準動作責務〔回〕	電気的	短絡投入：1，過負荷遮断：1 負荷電流開閉：200，地絡遮断：15×2 組 励磁電流開閉：10，充電電流開閉：10 コンデンサ電流開閉：200	

図 2・6　屋外用柱上気中負荷開閉器の外観
（東光高岳ホームページより）

表 2・5　屋外用柱上気中負荷開閉器の定格例

定格電圧	7.2 kV
定格電流	300 A，600 A
定格短時間耐電流	12.5 kA（1 秒間 1 回）
定格短絡投入電流	31.5 kA（0.3 秒間 10 回）
負荷開閉回数	200 回
開放所要時間（無負荷時）	100 ms 以下

〔出典〕東光高岳カタログ

4 高圧交流負荷開閉器の選定

高圧交流負荷開閉器の選定にあたっての留意点を次に挙げる．

(a) 設置場所

屋外または屋内．屋外の場合，JIS C 4605「高圧交流負荷開閉器」2.2.2項「汚損」表1「耐塩じん汚損性による汚損度」に適合していることを確認する．

(b) 定格電流

総合負荷電流以上であること．

(c) 定格短時間耐電流

回路の短絡電流値以上であること．

(d) 定格開閉容量

負荷電流，励磁電流，充電電流，コンデンサなど，負荷の種類に応じ十分な開閉容量を有すること．

(e) 遮断性能

引外し装置付負荷開閉器は定格以上は遮断できないため，遮断容量が足りない場合電力ヒューズなどと組み合わせて使用する．電力ヒューズには，G（一般用），T（変圧器用），M（電動機用），C（コンデンサ用）の4種類あり，適用する回路に応じて選定すること．

2-4 高圧交流電磁接触器 (MC : Electromagnetic contactor)

電磁接触器は，JEM 1167「高圧交流電磁接触器」において，「主接触部を電磁石に力によって開閉する接触器」と規定されている．電気的または機械的操作によって主接触部を閉路し，その操作力を取り除いても閉路状態を保持するラッチ動作機構をもつ「ラッチ式電磁接触器」と電気的操作によって主接触部を閉路し，その操作力によって開閉状態を保持する「常時励磁式電磁接触器」がある．適用範囲は，「周波数50 Hzまたは60 Hzの交流1 000 Vを超え7 200 V以下の電路に用いる屋内用のの交流電磁接触器」となっている．

2-4 高圧交流電磁接触器（MC：Electromagnetic contactor）

1　高圧交流電磁接触器の役割

　高圧交流電磁接触器は，多頻度開閉を目的に使用される開閉器で，高圧電動機の始動・停止，変圧器およびコンデンサの一次開閉器として幅広く使用されている．高圧交流電磁接触器は，負荷電流の多頻度開閉能力を有しているが，遮断器のような短絡電流遮断能力はない．したがって，遮断器または電力ヒューズと組み合わせることにより，回路の短絡保護が可能となる．この応用機器をコンビネーションスイッチと呼んでいる．

2　高圧交流電磁接触器の種類

　高圧交流電磁接触器は，消弧媒体により次の種類がある．
（1）高圧気中電磁接触器
（2）高圧真空電磁接触器
　高圧真空電磁接触器は，小形・軽量で保守が容易かつ長寿命であることから最近では主流となっている．図2・7に高圧真空電磁接触器の外観を示す．

図2・7　高圧真空電磁接触器の外観

3　高圧交流電磁接触器の定格

　高圧交流真空電磁接触器の定格例を表2・6に示す．

4　高圧交流電磁接触器の選定

　高圧交流電磁接触器の選定にあたっての留意点を次に挙げる．
(a) 開閉容量
　使用用途によって開閉する電流が異なるため，開閉容量の級別が定められているので，用途に応じた選定をする．表2・7に開閉容量の級別を示す．

2章 設備機器の役割と選び方

表2・6 高圧交流真空電磁接触器の定格例

種　類		常時励磁式	ラッチ式	常時励磁式	ラッチ式
定格使用電圧〔kV〕		6.6			
定格使用電流〔A〕		200		400	
定格周波数〔Hz〕		50，60			
短絡遮断電流〔kA〕		6.3			
短時間耐電流〔kA(s)〕		80（1）		80（2）	
開閉頻度（※）〔回/時〕		1 200	3号：300	1 200	3号：300
開閉耐久性	機械的〔万回〕	2種：250	4種：25	2種：250	4種：25
	電気的（※）〔万回〕	2種：25			
操作電流〔A〕	AC 100/110 V 単相全波 または DC 100/110 V　保持または引外し	0.6	4.0	0.6	4.0
	投入	5.5	5.5	5.5	5.5
	AC 200/220 V 単相全波 または DC 200/220 V　保持または引外し	0.7	2.5	0.7	2.5
	投入	6.0	6.0	6.0	6.0
最大適用容量	電動機〔kW〕	1 500		3 000	
	三相変圧器〔kVA〕	2 000		4 000	
	コンデンサ〔kvar〕	2 000		2 000	

（※）AC3級（投入：定格電流の6倍，遮断：定格電流）

表2・7 開閉容量の級別

級別	開閉ひん度・電気的寿命を保証する開閉容量 定格使用電流に対する倍数		代表的適用例
	閉　路	遮　断	
AC0	2.5	−	始動抵抗の短絡または始動リアクトルの短絡
AC1	1.0	1.0	非誘導性または少誘導性の抵抗負荷の開閉
AC2	2.5	1.0	(1) 巻線形誘導電動機の始動 (2) 運転中の巻線形誘導電動機の停止（開路）
AC3	6.0	1.0	(1) かご形誘導電動機の始動 (2) 運転中のかご形電動機の停止（開路）
AC4	8.0	6.0	(1) かご形電動機の始動 (2) かご形電動機のプラッギング (3) かご形電動機のインチング

〔出典〕JEM 1167-2007

2-4 高圧交流電磁接触器（MC：Electromagnetic contactor）

(b) 開閉頻度

1時間あたりの開閉回数によって号別が定められているので，予定される開閉頻度以上の接触器を選定する．表2・8に開閉頻度の号別を示す．

■ 表2・8　開閉頻度の号別 ■

号　別	2号	3号	4号	5号	6号
開閉頻度〔回／時〕	600	300	150	30	6

〔出典〕JEM 1167-2007

(c) 開閉耐久性

機械的開閉耐久性，電気的開閉耐久性が4種別に区分されているので，経済性，保守体制などを考慮して選定をする．表2・9に開閉耐久性の種別を示す．

■ 表2・9　開閉耐久性の種別 ■

種　別	機械的開閉耐久性	電気的開閉耐久性
2種	250万回以上	25万回以上
3種	100万回以上	10万回以上
4種	25万回以上	5万回以上
5種	5万回以上	1万回以上

注（1）開閉耐久性とは，開閉動作を1回とする回数で表す．
　（2）機械的開閉耐久性と電気的開閉耐久性のそれぞれの種別の組合せで表示する．

〔出典〕JEM 1167-2007

(d) 操作方式

操作方式には，常時励磁式とラッチ式がある．

(1) 常時励磁式　電磁接触器の投入コイルが励磁されている間だけ投入状態を維持し，投入コイルの励磁が解けると開路状態になる．主として，電動機など比較的の多頻度で負荷開閉する場合に適する．

(2) ラッチ式　電磁接触器の投入コイルを励磁して投入した後，投入コイルの励磁を解き，機械的に投入状態を保持する．開路は，引外しコイルを励磁することにより，機械的保持機構が外れ開路状態なる．主として，開閉頻度が比較的少なく，停電時や操作回路故障時でも負荷を停止できない重要負荷などに適している．

2-5 電力ヒューズ（PF：Power fuse）

電力ヒューズは，ヒューズリンクに一定以上の電流がある時間流れたとき，ヒューズリンクの一部であるヒューズエレメントがその内部に発生するジュール熱によって溶断し，回路を開放する器具であり，JIS C 4604「高圧限流ヒューズ」，JEC-2330「電力ヒューズ」で規格化されている．適用範囲は，「三相回路で公称電圧 3.3 kV または 6.6 kV の電路に使用する高圧限流ヒューズ」となっている．また，限流ヒューズは，「アーク電圧を高めることにより短絡電流を限流抑制し，遮断を行う方式のヒューズ」と規定されている．

1　電力ヒューズの役割

電力ヒューズは，流れた電流のジュール熱により遮断することから，変流器，過電流継電器および遮断器の機能を兼ね備えた機器で，適正に使用されれば経済的な回路が構成できる．高圧受電設備では高圧回路および機器の短絡保護用として用いられている．

2　電力ヒューズの種類と構造

電力ヒューズは，その消弧原理から限流ヒューズと非限流ヒューズに分類されるが，小形で遮断電流が大きく，高圧受電設備全体を小形にかつ経済的に構成できることから，限流ヒューズが主流となっている．

(a) 限流ヒューズ

限流ヒューズは，高いアーク抵抗を発生し，短絡電流を強制的に抑制して遮断する方式で，密閉形絶縁筒内にヒューズエレメントとけい砂など粒状消弧剤を充填した構造で，限流効果があり大電流遮断を有するので，幅広く使用されている．図 2・8 に限流ヒューズの内部構造を，図 2・9 に限流ヒューズの限流作用を示す．

(b) 非限流ヒューズ

非限流ヒューズは，限流ヒューズとはその消弧方式が異なり，ヒューズエレメントの溶断後，構成物質の気化などによる発生ガスの放出そのほかにより，電流零点における極間絶縁耐力を高めて遮断する方式である．

2-5 電力ヒューズ（PF：Power fuse）

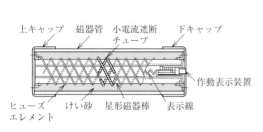

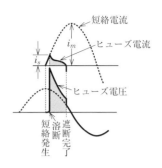

■ 図2・8 限流ヒューズの内部構造 ■　　■ 図2・9 限流ヒューズの限流作用 ■

3　電力ヒューズの定格

限流ヒューズの定格例を**表2・10**に示す．

■ 表2・10 限流ヒューズの定格例 ■

設置場所	定格					適用規格
	電圧〔kV〕	電流〔kA〕			遮断電流〔kA〕	
		G	T	C	M	
屋　内	7.2/3.6	G 10	T 3	C 3	M 2	40	JIS C 4604 JEC 2330
		G 20	T 10	C 10	M 5		
		G 30	T 15	C 15	M 10		
		G 40	T 20	C 20	M 15		
		G 50	T 30	C 30	M 20		
		G 60	T 40	C 40	M 30		
		G 65	T 50	C 45	M 40		
		G 75	T 60	C 50	M 40		
		G 100	T 80	C 50	M 40		

G：一般用，T：変圧器用，C：コンデンサ用，M：電動機用

4　電力ヒューズの選定

　電力ヒューズはその構造面から，一度遮断すると再使用ができない．突入電流など過渡電流での誤遮断，損傷があり，小電流領域では動作時間が長くなるなど動作のばらつきもあり，適用上注意を要する．

(a) 定格電圧

使用される回路の線間最大電圧に一致したものとし，公称電圧 6.6 kV の高圧受電設備では，7.2 kV とする．

(b) 定格電流

一般に負荷の定格電流の最低 1.5～2 倍以上とし，負荷の突入過電流でヒューズエレメントが溶断，劣化しないものとする．

(c) 種類

電力ヒューズは，適用負荷の種類にあわせて繰返し過電流特性が規定されている．その種類は，一般用（G），変圧器用（T），電動機用（M），コンデンサ用（C）があり，それぞれの負荷にあった選定をする．

2-6 避雷器（SAR：Surge arrester）

JIS C 4608「高圧避雷器（屋内用）」，JEC-2371「がいし形避雷器」，JEC-203「避雷器（ギャップ付）」，JEC-217「酸化亜鉛形避雷器（ギャップレス）」などの規定があり，避雷器は，「雷及び回路の開閉などに起因する衝撃過電圧に伴う電流を大地へ分流することによって過電圧を制限して電気設備の絶縁を保護し，かつ続流を短時間に遮断して，電路の正規状態を乱すことなく，原状に自復する機能をもつ装置」と定義されている．適用範囲は，JIS C 4608 において，「JIS C 4620 に規定する定格周波数 50 Hz および 60 Hz，公称電圧 6.6 kV のキュービクル式高圧受電設備に用いる公称放電電流 2 500 A または 5 000 A の高圧避雷器」と規定している．

1 避雷器の役割

雷サージおよび開閉サージなど異常電圧が侵入したときに，大地に放電させ，高圧受電設備や負荷設備の絶縁破壊を防ぐ目的で使用される．

2 避雷器の種類と構造

避雷器の種類は，その用途，動作原理，性能などによって**表 2・11** に示すとおり分類される．

2-6 避雷器（SAR：Surge arrester）

■ 表 2・11 避雷器の種類 ■

分類基準	種 類
構　造	弁抵抗形 紙　形 放出形
用　途	発変電所用 配電用 屋外用 屋内用
公称放電電流	2 500 A 避雷器 5 000 A 避雷器 10 000 A 避雷器
使用回路	交流避雷器 直流避雷器

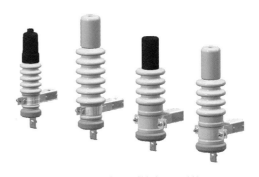

■ 図 2・10　ギャップ付避雷器の外観 ■

(a) ギャップ付避雷器

　一般に続流を制限する特性要素と，続流を遮断する直列ギャップが直列に接続され，性能を維持する気密構造のがい管内に収納された構造である．

　雷サージ，開閉サージが侵入すると，直列ギャップが火花放電を開始し，特性要素に放電電流が流れて，異常電圧波高値を低減させる．特性要素は，炭化けい素が使用されており，放電の際は電流を流して端子間電圧を制限し，放電後は高抵抗として働き続流を阻止して，直列ギャップが遮断しやすくする．図 2・10 にギャップ付避雷器の外観を示す．

(b) ギャップレス避雷器

　酸化亜鉛素子の非直線特性を利用した，直列ギャップを必要としない避雷器である．がい管内部に大気圧の窒素ガスを封入し，非直線性酸化亜鉛素子が収納されている．

(c) 避雷器の特性比較

　ギャップ付避雷器に使用される炭化けい素（SiC 素子）は，常規大地電圧にて数百 A の電流が流れ，連続使用すると熱破壊を生じるため，直列ギャップにて流れる電流を遮断しておく必要があった．しかし，ギャップレス避雷器に使用されている酸化亜鉛（ZnO 素子）は，非直線特性により常規耐地電圧でも数 μA～数十 μA 程度の電流となり，直列ギャップを必要としない．図 2・11 に各素子の

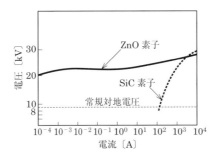

■ 図2・11　各素子の電圧-電流特性（避雷器定格電圧 14 kV）■
（高圧受電設備実務ハンドブック編集委員会：高圧受電設備実務ハンドブック，p.90，図3.24 より）

電圧-電流特性を示す．

3　避雷器の定格

ギャップレス避雷器の定格例を**表 2・12**に示す．

■ 表2・12　ギャップレス避雷器の定格例 ■

系統接地方式	非有効接地系統
公称電圧〔V〕	6.6
定格電圧〔kV〕	8.4
公称放電電流〔kA〕	10
動作開始電圧〔kV〕	17.0 以上
制限電圧（at 10 kA）〔kV〕	31 以下
商用周波耐電圧〔kV〕	22
雷インパルス電圧〔kV〕	60
適用規格	JEC-2371，JEC-203，JIS C 4608

4　避雷器の選定

避雷器は，異常電圧から機器を保護する目的で使用するため，機器の絶縁強度に対して十分低い電圧に制限できるものでなければならない．

通常，6.6 kV 回路では定格電圧 8.4 kV の避雷器を適用すればその目的を十分に果たせる．

避雷器の接地は，電気設備技術基準でA種接地を施し，接地抵抗値は10 Ω以下とするよう規定している．避雷器が動作したとき機器に加わる電圧は，避雷器の制限電圧＋（接地抵抗値×放電電流）であるから，電圧降下分の小さいほうが，避雷器の有効保護範囲を広げることになる．

2-7 変圧器（TR：Transformer）

JEC-2200「変圧器」において，変圧器は，「鉄心と二つまたはそれ以上の巻線をもつ静止誘導機器で，電磁誘導作用により交流電圧，電流の系統から電圧および電流が一般に異なる他の系統に，同一周波数で電力を送る目的で変成するもの」と定義されている．適用範囲については，JIS C 4304「配電用 6 kV 油入変圧器」で，「一般の受配電の目的に用いる特定機器に対応した配電用 6 kV 油入変圧器．なお，変圧器の容量範囲は，単相 10 kVA 以上 500 kVA 以下，および三相 20 kVA 以上 2 000 kVA 以下」として規定している．また，JIS C 4306「配電用 6 kV モールド変圧器」では，「一般の受配電の目的に用いる特定機器に対応した配電用 6 kV モールド変圧器の，屋内用自冷式のもの．なお，変圧器の容量範囲は，単相 10 kVA 以上 500 kVA 以下，および三相 20 kVA 以上 2 000 kVA 以下」として規定している．2001 年に高圧配電用変圧器が，エネルギーの使用の合理化に関する法律（省エネ法）に規定する特定機器に選定され，エネルギー消費効率の目標基準値が規定された．この基準値をクリアした変圧器が「トップランナー変圧器」である．2012 年に新たな目標基準値が規定されている．

1 変圧器の役割

変圧器は，受電電圧または配電電圧を負荷設備に適した電圧に変換するもので，高圧受電設備の中では重要な機器であり，その信頼度が設備全体の信頼度を左右するため，その選定にあたっては十分な検討が必要である．高圧受電設備に用いられる変圧器は，一般に油入変圧器が広く使用されているが，最近では小形軽量に加え不燃化，信頼性向上の面から，モールド変圧器が多く用いられている．

2 変圧器の種類と構造

(a) 変圧器の種類と特徴

変圧器は，用途，構造などによりいろいろな種類があり，絶縁方式・耐熱クラス，冷却方式，使用電圧などにより分類される．**図2・12**に主な種類を示す．また，**表2・13**にモールド変圧器と油入変圧器の特徴比較を示す．

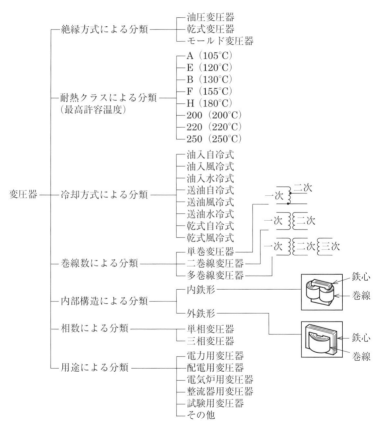

図2・12 変圧器の種類

2-7 変圧器（TR：Transformer）

■ 表 2・13 モールド変圧器と油入変圧器の特徴比較 ■

比較項目	モールド変圧器	油入変圧器
絶縁処理材料	エポキシレジン	鉱油
耐熱クラス	F/H	A
許容最高温度	155/180℃	105℃
冷却媒体	空気	絶縁油
屋内外の使用	屋内	屋内・屋外
燃焼性	難燃性	可燃性
防災性	防災用	一般用
冷却方式（配電用クラス）	自冷式	自冷式
対塵性	良（○）	良（◎）
耐湿性	良（○）	良（◎）
絶縁性	良（○）	良（○）
騒音	普通（○）	やや小さい（◎）
過負荷耐量	やや大きい（○）	大きい（◎）
外形寸法	小さい（◎）	大きい（△）
保守点検	◎ (外観目視点検主体，一般電気試験)	△ (絶縁油の特性，一般電気試験，付属品チェック，油漏れ点検など)
保守性（省メンテ）	○	○
効率・損失	小容量域（△） 中容量域（◎） 油入形に対し，定格容量の小さい領域では，一般に損失が大きく，効率が低いが，定格容量の大きな領域では損失が低く，効率が高くなる傾向にある．	小容量域（◎） 中容量域（○） モールド形に対し，定格容量の小さい領域では，一般に損失が低く，効率は高くなるが，定格容量の大きな領域では損失が高く，効率が低くなる傾向にある．
全般	◎ 現在，乾式変圧器の主流をなしている（小容量～中容量）．比較的雰囲気の良い場所で採用され，湿気，塵埃などには十分注意を要する．	◎ 主に屋外用である．冷却媒体として絶縁油を使用しているため，屋内での使用については，火災など防災面での設備が必要となる．経済面を重視しない場合，比較的中容量以上のものに多く採用されている．
用途	ビル施設用 公共設備用 鉄道変電用 産業用 電力用	電力用 産業用 公共設備用 ビル施設用

(b) 変圧器の構造

変圧器は，鉄心，巻線，絶縁物，構造体の4要素で構成されている．

(1) 鉄心 交流電力を変成する磁束の通路で，方向性けい素鋼鈑が多く使われている．

(2) 巻線 一次（高圧側）巻線と二次（低圧側）巻線があり，二次巻線は鉄心に絶縁を保ち近接して巻き，その外側に一次巻線を巻く，同心配置巻線方式が多い．

(3) 絶縁物 巻線相互間，巻線と鉄心間および巻線と構造体間を電気的に絶縁する．油入変圧器では，油も絶縁物の一つである．

(4) 構造体 鉄心，巻線および絶縁物などを支持する支持部，これらを収納するケース，ブッシング，端子，基礎ベース，温度計およびタップ切換器などの付属品である．図2・13に油入変圧器の外観，図2・14にモールド変圧器の外観を示す．

■ 図2・13 油入変圧器の外観 ■

■ 図2・14 モールド変圧器の外観 ■

3　変圧器の定格と特性

(a) 変圧器の定格

6 kV 配電用変圧器の定格例を**表2・14**に示す．

(b) 変圧器の特性

油入変圧器の特性を**表2・15**および**表2・16**に示す．

2-7 変圧器（TR：Transformer）

■ 表 2・14　変圧器の定格例 ■

項　目		単相変圧器	三相変圧器
定格電圧〔V〕	一次	6 600	6 600
	二次	210-105	210
全容量タップ電圧〔V〕		6 750, 6 600, 6 300	6 750, 6 600, 6 450, 6 300
低減容量タップ電圧〔V〕		6 000	6 150, 6 000
周波数〔Hz〕		50 または 60	
容量〔kVA〕		10, 20, 30, 50, 75, 100, 150, 200, 300, 500	20, 30, 50, 75, 100, 150, 200, 300, 500, 700, 1 000, 1 500, 2 000
結線		単相3線	Y-Y, Y-△, △-△, △-Y
加圧耐電圧〔kV〕		一次巻線：22 kV	
雷インパルス電圧〔kV〕		一次巻線：60 kV（全波）	
使用		連続使用	

■ 表 2・15　油入変圧器の特性例（50 Hz） ■

相別	容量〔kVA〕	効率〔％〕	電圧変動率〔％〕	無負荷電流〔％〕	基準エネルギー消費効率（全損失）〔％〕	短絡インピーダンス（参考値）〔％〕	概略質量 油量〔l〕	概略質量 総質量〔kg〕
単相	10	97.60 以上	2.3 以下	3.5 以下	60	1.9	16	85
	20	97.94 以上	1.9 以下	2.8 以下	100	1.9	23	125
	30	98.10 以上	1.7 以下		135	2.6	28	155
	50	98.26 以上	1.6 以下	2.5 以下	196	2.8	40	215
	75	98.59 以上	1.6 以下		264	2.9	77	320
	100				326	3.3	83	380
	150	98.65 以上	1.5 以下	2.5 以下	438	2.9	91	460
	200	98.72 以上			541	3.2	110	575
	300	98.80 以上	1.4 以下		728	3.6	170	840
	500	98.87 以上	1.3 以下	2.3 以下	1 050	4.2	305	1 400
三相	20	97.61 以上	2.2 以下	6.5 以下	133	2.4	29	160
	30	97.73 以上	2.0 以下	5.5 以下	177	2.3	34	190
	50	97.86 以上	1.9 以下		252	2.4	42	270
	75	98.30 以上	1.8 以下	5.5 以下	335	2.5	79	370
	100	98.37 以上			409	2.5	88	445
	150	98.43 以上	1.7 以下		542	2.5	110	585
	200	98.51 以上			663	3.7	140	700
	300	98.57 以上	1.6 以下	5.0 以下	879	3.4	180	950
	500	98.71 以上	1.5 以下	4.5 以下	1 250	4.0	260	1 530
	750	98.72 以上	1.4 以下	4.0 以下	2 350	4.4	560	2 510
	1 000	98.80 以上		3.5 以下	2 960	3.8	800	3 420
	1 500	98.88 以上	1.3 以下		4 110	4.4	1 085	4 760
	2 000	98.97 以上		3.0 以下	5 190	4.3	1 290	5 880

表 2・16 油入変圧器の特性例（60 Hz）

相別	容量〔kVA〕	効率〔％〕	電圧変動率〔％〕	無負荷電流〔％〕	基準エネルギー消費効率（全損失）〔％〕	短絡インピーダンス〔％〕（参考値）	概略質量 油量〔l〕	概略質量 総質量〔kg〕
単相	10	97.68 以上	2.1 以下	3.0 以下	58	1.9	17	80
	20	98.02 以上	1.8 以下	2.3 以下	97	2.0	25	115
	30	98.19 以上	1.6 以下		130	2.8	30	145
	50	98.34 以上	1.5 以下		189	3.1	43	200
	75	98.66 以上	1.5 以下	2.3 以下	253	3.3	77	320
	100	98.66 以上			312	3.9	83	380
	150				419	3.3	95	440
	200	98.72 以上			517	3.5	120	540
	300	98.80 以上	1.4 以下		693	4.2	175	825
	500	98.87 以上	1.3 以下		1 000	5.1	305	1 390
三相	20	97.66 以上	2.0 以下	5.5 以下	131	2.4	31	150
	30	97.81 以上	1.9 以下		173	2.4	35	180
	50	97.94 以上	1.8 以下		245	2.7	44	260
	75	98.29 以上	1.8 以下	5.5 以下	323	2.8	84	350
	100	98.36 以上			392	2.7	93	420
	150	98.43 以上	1.7 以下		516	2.9	115	575
	200	98.50 以上			628	4.2	145	685
	300	98.57 以上	1.6 以下	5.0 以下	827	4.0	180	950
	500	98.72 以上	1.5 以下	4.5 以下	1 160	4.8	260	1 530
	750	98.74 以上	1.4 以下	3.5 以下	2 180	5.2	560	2 500
	1 000	98.81 以上			2 740	5.2	800	3 410
	1 500	98.89 以上	1.3 以下		3 770	5.6	1 085	4 750
	2 000	98.96 以上		3.0 以下	4 740	5.1	1 290	5 870

4 変圧器の結線

高圧受電設備に使用する変圧器の結線は，相数，容量により各種あるが，**表 2・17**にその代表的な 6 種類を示す．

5 変圧器の位相角

三相変圧器における結線の違いによる高圧側と低圧側との位相角の差を示す誘起電圧ベクトル図で，高圧側の中性点 O から U に引いた線 OU と，低圧側の中性点 o から u に引いた線 ou の角度の差を示す．高圧側を基準として，低圧側が時計方向なら遅れ，反時計方向なら進みという．

2-7 変圧器（TR：Transformer）

■ 表2・17 高圧受電設備用変圧器の種類とその結線ならびに端子記号 ■

相数	種類	端子記号	結線図例
単相変圧器	小形6kV 油入変圧器 （50kVA以下）	高圧端子 U, V 低圧端子 u, v	(a) 単3分割交差巻線　(b) 単3専用　(c) 単1　(d) 単2
単相変圧器	中形6kV 油入変圧器 （75～500kVA）	高圧端子 U, V 低圧端子 u, v	(a) 単3分割交差巻線　(b) 単3専用　(c) 単1　(d) 単2
三相変圧器	小形6kV 油入変圧器 （50kVA以下）		Y-Y
三相変圧器	中形6kV 油入変圧器 （75～500kVA）	高圧端子 U, V, W 低圧端子 u, v, w	Y-△
三相変圧器	中形6kV 油入変圧器 （750, 1 000 kVA）		Y-△　　△-△
三相変圧器	中形6kV 油入変圧器 （1 500, 2 000 kVA）	高圧端子 U, V, W 低圧端子 u, v, w または u, v, w, o	△-Y　　△-△

表2・18に代表的な三相変圧器の結線と接続記号，ベクトル記号を示す．

6　タップ電圧

　変圧器の入力電圧は，常に変圧器の定格電圧が与えられるとは限らない．高圧配電線のこう長による電圧降下や，他需要家の負荷変動などにより，入力電圧は変圧器定格電圧値に対して変動する．そのため，変圧器一次側にタップを設け，入力電圧の高低に応じて切り換えることによって二次電圧を一定にできる．入力電圧に応じて使用するタップの電圧をタップ電圧と呼ぶ．

　全容量タップ電圧は，変圧器を定格容量で連続運転を保証するタップ電圧で，

■ 表2・18 変圧器の結線とベクトル記号 ■

接続記号	誘導電圧ベクトル図		結線図	
	高圧	低圧	高圧	低圧
Dd0	△ U V W	△ u v w	U V W	u v w
YNy0	Y U V W	Y u v w	U V W O	u v w
Dyn11	△ U V W	Y u v w	U V W	u v w o
Yd1	Y U V W	△ u v w	U V W	u v w

低減容量タップ電圧は定格容量で連続運転できない．定格容量タップ電圧の表示には記号「R」，全容量タップ電圧には記号「F」，低減容量タップ電圧には記号「無し」をつけて区別する．

7　変圧器の並行運転

JEC-2200では三相変圧器の並行運転条件として，「次の条件を満たす2台またはそれ以上の変圧器は，一次および二次側でそれぞれ同一記号の端子を接続することにより，ほぼ平衡負荷のもとで並行運転することができる」としている．

(1) すべてのタップにおいて変圧比が等しい．
(2) 位相変位が等しい．
(3) すべてのタップにおいて短絡インピーダンスの差異は平均値の1/10以内である．
(4) 定格容量の比が1：3以内である．

また，単相変圧器3台で三相バンクを構成する場合も適用可能である．

三相変圧器の場合，三相，各相の間には，それぞれ120°ずつの位相差があり，一相の電圧について，Y結線のときと△結線のときとでは，30°の位相差がある．

表 2・19 並行運転の可能および不可能な結線の組合せ

可　能	不可能
△-△ と △-△	△-△ と △-Y
Y-Y と Y-Y	△-Y と Y-Y
Y-△ と Y-△	(*△-Y と Y-△)
△-Y と △-Y	
△-△ と Y-Y	

＊△-Y と Y-△ は，それぞれの誘導電圧ベクトルの回転方向が逆の場合に並列が可能

位相を合わせないと循環電流が流れ変圧器を焼損する恐れがある．**表 2・19**に並行運転の可能および不可能な結線の組合せを示す．

8 変圧器の選定

変圧器の選定は，将来計画を踏まえた負荷の容量算出からはじめる．さらに，相数，周波数，一次・二次電圧，タップ電圧，結線，冷却と絶縁方式，極性，定格，使用環境などに応じて選定していく．

2-8 進相コンデンサ設備（SC：Static capacitor）

進相コンデンサ設備は，JIS C 4902「高圧および特別高圧進相コンデンサならびに附属機器」により規定され，コンデンサは JIS C 4902-1，直列リアクトルは JIS C 4902-2，放電コイルは JIS C 4902-3 で規定されている．

高圧受電設備の負荷には，白熱電灯や電熱器のような抵抗負荷（力率がほぼ100％に近い）のほかに，誘導電動機など誘導負荷（力率が 50〜80％）が多くある．したがって，受電設備全体では，遅れの無効電流が流れ総合力率が 70〜85％程度となる．この遅れ無効電力を進相用コンデンサで補償して，力率を改善する目的で設置する．

1 進相コンデンサの役割

(a) 力率の改善

進相コンデンサを設置すると進み無効電流が流れるため，誘導電動機などに流れる遅れ無効電流が打ち消され，電源から供給される電流は有効電流に近い値で

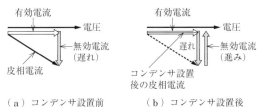

図2・15　進相コンデンサ設置による力率改善機能

よいことになり力率が改善される．**図2・15** に進相コンデンサ設置による力率改善機能を示す．

(b) 電力供給容量の増大

進相コンデンサで力率が改善されると，線路を流れる電流が減少するため，線路損失が軽減されるとともに変圧器の負荷損失も減少し，系統（設備）の有効電力供給能力を増大することができる．

(c) 電圧降下の減少

線路に流れる電流が減少することにより，線路における電圧降下も小さくなる．

(d) 電力料金の割引制度

需要家が力率改善を行うことで，電力会社にとっても送電系統容量の増加，電力損失の低減など利益をえられるので，各電力会社の料金体系には力率に関する条項があり，受電点の総合力率85％を基準に，基本料金を割引きまたは割増しする制度をとっている．力率が，85％より1％上回ると基本料金の1％が割引きされ，力率が1％下回ると割増しされる．

受電設備の力率改善目標値は，平均使用状態で95％程度とすることが望ましい．力率改善に必要な進相コンデンサの総容量は，式(2・1)で表される．

$$Q = W \text{[kVA]} \times K \text{[\%]} \text{[kVar]} \tag{2・1}$$

ここで，Q：力率改善に必要な進相コンデンサの総容量〔kVar〕，W：負荷容量〔kVA〕，K：容量算出計数〔％〕

表2・20 に力率改善用進相コンデンサの容量算出係数 K〔％〕を示す．

2　進相コンデンサの種類

進相コンデンサには，合成油を使用した油入式と乾式がある．また，使用電圧

2-8 進相コンデンサ設備（SC：Static capacitor）

■ 表2・20　力率改善用進相コンデンサの容量算出係数 K〔%〕■

		改善後の力率										
		1.000	0.990	0.980	0.970	0.960	0.950	0.940	0.930	0.920	0.910	0.900	0.875	0.850
改善前の力率	0.625	125	111	105	100	96	92	89	85	82	79	76	70	63
	0.650	117	103	97	92	88	84	81	77	74	71	68	62	55
	0.675	109	95	89	84	80	76	73	70	67	64	61	54	47
	0.700	102	88	82	77	73	69	66	62	59	56	54	47	40
	0.725	95	81	75	70	66	62	59	55	52	49	47	40	33
	0.750	88	74	68	63	59	55	52	49	46	43	40	33	26
	0.775	82	67	61	56	52	49	45	42	39	36	33	26	20
	0.800	75	61	55	50	46	42	39	35	32	29	27	20	13
	0.825	69	54	48	43	39	36	32	29	26	23	20	13	6.5
	0.850	62	48	42	37	33	29	26	22	19	16	14	6.6	
	0.875	55	41	35	30	26	22	19	16	13	10	6.9		
	0.900	48	34	28	23	19	16	12	9	6	2.9			
	0.910	46	31	25	20	16	13	9	6	3.0				
	0.920	43	28	22	18	13	10	6	3.1					
	0.930	40	25	19	14	10	7	3.2						
	0.940	36	22	16	11	7	3.4							
	0.950	33	19	13	8	3.7								
	0.960	29	15	9	4									
	0.970	25	11	5										
	0.980	20	6											
	0.990	14												

により，高圧用（3.3 kV，6.6 kV），低圧用（200 V，400 V）の種別がある．図2・16に高圧進相コンデンサの外観を示す．

■ 図2・16　高圧進相コンデンサの外観 ■

3　進相コンデンサの仕様と性能

進相コンデンサは，JIS C 4902-1 において仕様，性能が詳細に規定されている．表 2・21 に高圧進相コンデンサの仕様，性能を示す．

■ 表 2・21　高圧進相コンデンサの仕様・性能 ■

設置場所	屋内，屋外兼用　標高 1 000 m 以下
規　　格	JIS C 4902
使用周囲温度	屋外：-20℃～+40℃ 　　　　（24 時間平均 35℃ 以下，1 年間平均 25℃ 以下） 屋内：-5℃～+50℃ 　　　　（24 時間平均 45℃ 以下，1 年間平均 35℃ 以下）
性　　能　容量許容差	定格値に対して -5～+10% （任意の 2 端子間の容量の最大値と最小値との比は 1.08 以下）
最高許容電圧	定格電圧の 110%（24 時間のうち 12 時間以内） 定格電圧の 115%（24 時間のうち 30 分以内） 定格電圧の 120%（1 か月のうち 5 分以内） 定格電圧の 130%（1 か月のうち 1 分以内） ただし，1.15 倍を越える電圧の印加は，コンデンサの寿命を通じて 200 回を越えないものとする．
最大許容電流	定格電流の 130%，ただし，容量の実測値が容量許容差内でプラス側のものはその分だけ更に増加を認める．
温度上昇	25℃ 以下（定格電圧，35℃ において）
絶縁耐力 （AC，1 分間）	端　子　間：定格電圧の 2 倍 端子ケース間：回路電圧 3.3 kV 用-16 kV 　　　　　　　：回路電圧 6.6 kV 用-22 kV
放電特性	コンデンサ開放 5 分後において 50 V 以下

4　進相コンデンサ，直列リアクトルの定格

(a) 進相コンデンサ，直列リアクトルの定格容量および定格電圧

高調波障害防止策として，進相コンデンサには原則として直列リアクトル（標準はコンデンサ容量の 6%）を取り付けて使用することを明確にするため，進相コンデンサ，直列リアクトルの定格はすべて直列リアクトルとの組合せを前提としている．表 2・22 に回路電圧 6.6kV，進相コンデンサ設備容量 100 kvar の定格一覧を示す．

2-8 進相コンデンサ設備（SC：Static capacitor）

■ 表2・22 回路電圧6.6 kV，高圧進相コンデンサ設備容量100 kvarの定格一覧 ■

		JIS C 4902-1-2010	
コンデンサ	定格容量	$\dfrac{定格設備容量}{1-L〔\%〕/100}$	106 kvar
	定格電圧	$\dfrac{回路電圧}{1-L〔\%〕/100}$	7 020 V
直列リアクトル	準拠規格	JIS C 4902-1-2010	
	リアクタンス特性	右記電流通電時のリアクタンス残存率は95％以上のこと	許容電流種別Ⅰ：150％ 許容電流種別Ⅱ：170％
	最大許容電流	許容電流種別Ⅰ：120％（第5調波含有率35％） 許容電流種別Ⅱ：130％（第5調波含有率55％）	
	定格容量	コンデンサ定格容量×L〔％〕/100	6.38 kvar
	定格電圧	$\dfrac{コンデンサ定格電圧×L〔\%〕}{\sqrt{3}\times 100}$	243 V

(b) 進相コンデンサの定格

高圧進相コンデンサの定格例を表2・23に示す．

■ 表2・23 高圧進相コンデンサの定格例 ■

	$L=6\%$		
相　数	3	温度種別	−20/B
定格周波数	50 Hz/60 Hz 共用	冷却方式	油入自冷
定格容量	10.6/12.8～31.9 kvar	設置場所	屋内・屋外兼用
商用周波耐電圧	22 kV	放電抵抗	内蔵
雷インパルス耐電圧	60 kV	保安装置	内蔵
定格電圧	7 020 V（6.6 kV回路）	警報装置	なし
結　線	Y		

5　進相コンデンサ，直列リアクトルの選定

　進相コンデンサは，コンデンサを設置する回路電圧，位置，据付方法，経済性，防災性などを考慮して選定する．

(a) コンデンサ容量

1 項，進相コンデンサの役割で述べた容量算出計算式にもとづき算出する．

(b) 直列リアクトル（SRX：Series reactor）

回路の電圧には，変圧器の磁気飽和，整流器，溶接器などに起因する電圧波形ひずみがあり，電動機，変圧器の騒音増大，継電器の誤動作，機器の損失増加といった障害を起こすことがある．そのため電圧波形ひずみ改善の目的で進相コンデンサと直列に直列リアクトルを挿入する．

直列リアクトルの機能は，
(1) 回路の電圧波形改善
(2) 進相コンデンサ投入時の突入電流抑制
(3) 進相コンデンサへの高調波流入防止
(4) 遮断時の再点弧現象防止
などが挙げられる．

直列リアクトルの容量は進相コンデンサ容量の6％を標準にしている．JIS C 4902-2「直列リアクトル」では，**表2・24** に示すとおり最大許容電流値（定格電流比）により種別Ⅰ，Ⅱに分類され，高圧受電設備には主に種別Ⅱを適用する．また，コンデンサ設備の高調波条件によって表2・24 の許容値を超過する場合は，進相コ

■ 図2・17 油入式直列リアクトルの外観 ■

■ 表2・24 最大許容電流 ■

許容電流種別	最大許容電流（定格電流比）〔％〕	第5調波含有率（基本波電流比）〔％〕
Ⅰ	120	35
Ⅱ	130	35

許容電流種別Ⅰは主として特別高圧受電設備に適用し，許容電流種別Ⅱは主として高圧配電系統に直接接続するコンデンサ設備に適用する．

注記：コンデンサ設備の高調波条件は適用条件によって広範囲に変化し，条件によっては上記の許容値を超過するおそれがある．この場合には使用者と製造業者との協議によって，次のリアクトルのいずれかを適用する．
　1）リアクトルが6％で，第5調波含有率が70％まで許容できるリアクトル．
　2）リアクトルが13％で，第5調波含有率が35％まで許容できるリアクトル．

〔出典〕JIS C 4902-2, p.4, 表2 より

ンデンサ容量の13%を採用することができる．直列リアクトルの種類には，油入式とモールド式がある．図**2・17**に油入式直列リアクトルの外観を示す．

(c) 放電コイル（DC：Discharging coil）

進相コンデンサは，回路から切り離されるとコンデンサ内部には残留電荷が残り保全上危険なため，残留電荷を放電させる放電抵抗が内蔵されていることが多い．残留電荷を短時間に放電させるため，進相コンデンサが星形結線の場合は回路の各線間に放電コイルを接続する．

(d) 保護装置

回路の過電圧，外部サージ電圧，高調波などの侵入に対してコンデンサの保護装置も必要である．系統の過電圧に対しては過電圧継電器による保護を，コンデンサ内部故障など短絡に対しては限流形電力ヒューズの適用，コンデンサケース内の内圧上昇に対しては圧力検出器を取り付けて保護をする．図**2・18**に内圧式保護用接点動作原理を示す．

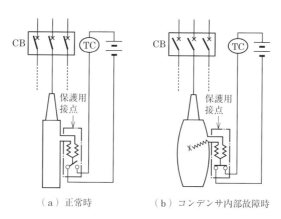

■ 図2・18　内圧式保護用接点動作原理 ■

2-9　計器用変成器

　計器用変成器は，電気計器，保護継電器を回路から絶縁し，一定の電圧，電流に変成し，回路の電圧または電流の電気計器および保護継電器に伝達するもので，計器用変圧器，変流器，計器用変圧変流器の総称である．

JIS C 1731-1「計器用変成器（標準用および一般計測用）第1部：交流器」，JIS C 1731-2「計器用変成器（標準用および一般計測用）第2部：計器用変圧器」，JEC 1201「計器用変圧器（保護継電器用）」などで規定されている．

1　計器用変成器の役割

計器用変成器の役割は，電圧または電流を低圧・小電流に変成するための機器であり，使用することによる利点は，次のとおりである．
(1) 計器や保護継電器が高圧回路から絶縁され，取扱い上安全になる．
(2) 標準の計器，保護継電器で，各種の電圧，電流の測定や，各種回路の保護ができる．
(3) 二次側の配線工事が簡単になり，配線材料も節約でき遠方計測・遠方監視が容易になる．

2　計器用変成器の種類と構造

計器用変圧器は，その使用目的によって計器用と継電器用に大別され，その特徴・特性が異なっている．計器用は，電気計器と組み合わせ，電気的諸量を正確に測定すること，保護継電器用は，故障時において継電器と組み合わせ，確実に保護できるものでなければならない．

(a) 計器用変圧器（VT：Voltage transformer）

主回路の高電圧を，これに比例する低電圧に変成して，計器や保護継電器を動作させるもので，定格二次電圧は通常110Vである．

種類は，三相用および単相用，高圧変電設備に使用される計器用変圧器は，モールド形が一般的である．図2・19にモールド形計器用変圧器の外観を示す．

(b) 変流器（CT：Current Transformer）

主回路の大電流を計器や保護継電器に適した小電流に変成するもので，定格二次電流は1Aや5Aが採用されている．高圧受電設備に使用されるCTは，VT同様にモールド形である．図2・20にモールド形変流器の外観を示す．

(c) 電力需給計器用変成器（VCT：Instrument transformer for metering service）

計器用変圧変流器は，VTとCTを外箱に組み込んで一体形とし，高圧回路の

2-9 計器用変成器

図2・19 モールド形計器用変圧器の外観

図2・20 モールド形変流器の外観

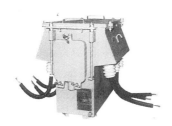
図2・21 6kV計器用変圧変流器の外観

図2・22 零相変流器の外観

電圧・電流を同時に変成し，電力量を計量する目的で使用される．主として，電力需給用（取引用）として使用される．VCTは，取引用電力量計と組み合せて使用するためのMOF（Metering Out Fit）とも呼ばれていた．一般には，電力会社の支給品である．図2・21に6kV計器用変圧変流器の外観を示す．

(d) 零相変流器（ZCT：Zero-phase-sequence current transformer）

零相変流器は，回路に地絡事故が発生した場合，回路に流れる地絡電流を変成し，地絡継電器に伝達して，地絡保護を行う目的で使用する．一般には貫通形が多く使用されている．図2・22に零相変流器の外観を示す．

(e) 接地形計器用変圧器（EVT：Earthed voltage transformer）

接地形計器用変圧器は，一次巻線，二次巻線に加え三次巻線を備え，地絡事故が発生した場合，三次巻線に零相三次電圧が誘起され，この零相三次電圧を地絡継電器に伝達して，地絡保護を行う目的で使用される．地絡方向継電器と組み合わせることによって，複数の配電線の選択遮断が可能となる．一次巻線の中性点を直接接地するが，三次巻線のオープンデルタ回路に系統電圧が6.6kVの場合，25Ωの抵抗を接続するため，運用としては高抵抗接地系となる．高圧受電設備

では，電力会社の配電線が高抵抗接地系になっているため，接地形計器用変圧器は使用できない．特別高圧受電設備など，変圧器で電力会社の配電系と絶縁された回路用に使用される．図2・23に接地形計器用変圧器の外観を示す．

(f) 零相計器用変圧器（ZVT：Zero-phase voltage transformer）

零相計器用変圧器は，コンデンサ形接地電圧検出装置（ZPD：Zero-phase potential device）とも呼ばれ，回路に平衡したコンデンサを各相Y結線して接地し，地絡事故が発生した場合，零相電圧を地絡継電器に伝達して，接地形計器用変圧器同様に，地絡方向継電器と組み合わせて地絡保護を行う目的で使用される．コンデンサを介して接地されるため，非接地系となり高圧受電設備に幅広く使用されている．図2・24に零相計器用変圧器の外観および内部結線を示す．

■ 図2・23 接地形計器用変圧器の外観 ■

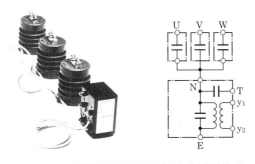

■ 図2・24 零相計器用変圧器の外観および内部結線 ■

3 計器用変成器の定格と性能

高圧受電設備に使用される計器用変圧器の定格例を**表2・25**に，変流器の定格例を**表2・26**に，零相変流器の定格例を**表2・27**に，零相計器用変圧器の定格例を**表2・28**に示す。

表2・25 計器用変圧器の定格例

種別		定格電圧〔V〕				周波数〔Hz〕	定格負担〔VA〕		確度階級〔級〕	耐電圧〔kV〕		質量〔kg〕
		一次	二次	三次	零相三次		二次	三次		商用周波	雷インパルス	
非接地形	単相	6 600	110	—	—	50, 60	200	—	1P	22	60	14
	三相	6 600					2×200	—		22	60	27
接地形	単相	6 600/√3	110/√3	190/3	190		200	200	1P/3G	13.2	60	21
				110/3	110							
	三相	6 600	110	190/3	190		3×200	3×200		13.2	60	61
				110/3	110							

表2・26 変流器の定格例

形式	一次電流〔A〕	二次電流〔A〕	最高電圧〔V〕	周波数〔Hz〕	定格負担〔VA〕	確度階級〔級〕	過電流強度	過電流定数	質量〔kg〕
巻線形	30, 40, 50	5	6.9	50, 60 共用	15	1PS	12.5 kA 1秒	>10	15
	75, 100, 150, 200, 300								9

表2・27 零相変流器の定格例

形式	一次電流〔A〕	零相電流〔mA〕	定格負担〔Ω〕	確度階級	励磁インピーダンス〔Ω〕	過電流倍数	質量〔kg〕
巻線形	600	200：1.5	10	H級	20	100	2.5
	1 500						3.5
	600					2 000	8
	1 500						12
	2 000						

表 2・28 零相計器用変圧器の定格例

定格電圧〔kV〕	6 600				
定格周波数〔Hz〕	50, 60				
静電容量	250 pF×3 + 0.15 μF				
商用周波耐電圧〔kV〕	22（1分間）				
雷インパルス耐電圧〔kV〕	60				
出力特性	一次電圧〔V〕	周波数〔Hz〕	出力〔mV〕	許容差〔%〕	負荷抵抗〔Ω〕
	190	50, 60	50	±15	600
	380		100		
	注：一次三相一括で 190 V および 380 V の電圧を印加した時（参考値）				
質量〔kg〕	3.5				

〔出典〕光商工「ZPC-9B」

4　計器用変成器の選定

　計器用変成器の選定にあたっては，回路の計測，保護に使用されるため確度階級，定格負担，過電流定数，過電流強度の検討が重要である．

　確度階級（誤差） は比誤差と位相角との許容限界を表すもので，精度により分類されている．計器用変圧器では，3.0P 級または 1.0P 級，変流器では，3.0PS 級，1.0PS 級と表す．

　定格負担 は二次側に接続される負荷の大きさで，その計器用変成器の性能，特性を保証する負担を示している．実際に二次側に接続される負担を **使用負担** というが，計器，継電器単体の負担に接続電線の負担を加算して，定格負担を決定する必要がある．

(a) 計器用変圧器

　計器用または保護継電器用の用途，定格電圧（二次電圧は 110 V が標準），絶縁構造，相数，確度階級，定格負担，一次ヒューズの有無（ヒューズ付が望ましい）などを検討し選定する．確度階級は，1.0P 級（比誤差 ±1.0 %）が一般的である．

(b) 変流器

　用途，定格一次電流（負荷電流の 1.5 倍程度），絶縁構造，巻線構造（巻線形

または貫通形)，確度階級，定格負担，過電流定数，過電流強度などを検討し選定する．確度階級は，一般には計器と共用されるので，1.0PS級（比誤差±1.0%）が使用される．

(1) 過電流定数 過電流に対する比誤差が，-10%になる電流倍数を表すもので，$n>5$，$n>10$などと表されている．$n>10$とは，定格一次電流の10倍の電流において誤差が-10%生ずることを意味している．過電流領域では，変流器鉄心の飽和現象により，一次電流と二次電流は比例しないため，保護継電器が不動作となることがある．したがって，十分な過電流定数のものを選定する．

(2) 過電流強度 短絡電流に対して，変流器が1秒間熱的，機械的に耐えられる限度を示したもので，定格一次電流の倍数または絶対値で表示する．短絡電流に対して，十分な過電流強度を有する変流器を選定する．

2-10 配線用遮断器と漏電遮断器

配線用遮断器（MCCB：Molded-case circuit breaker）は，JIS C 8201-2-1「低圧開閉装置および制御装置：回路遮断器（配線用遮断器およびその他の遮断器）」に規定され，低圧回路の過負荷，短絡保護を目的に低圧幹線および分岐回路に施設するもので，負荷電流が開閉できるとともに，回路の過負荷，短絡事故に対しても，これを検出し，自動的に遮断する機能を兼ね備えている．

漏電遮断器（ELCB：Earth leakage circuit breaker）は，JIS C 8201-2-2「低圧開閉装置および制御装置：漏電遮断器」に規定され，過負荷および短絡事故時は，配線用遮断器と同様の動作をするが，地絡事故時も，これを検出して，自動的に遮断する機能が付加されている．

1 配線用遮断器の種類

引外し方式の構造により，主回路を流れる電流の発熱と電磁力の組合せで動作する熱動-電磁式，電磁力のみで動作する電磁式，変流器二次電流を電子回路で検出して遮断する電子式などがある．

(a) 熱動-電磁式

過電流が流れると，ヒータの発熱によりバイメタルがゆるやかに湾曲し，バイ

メタルに固定されたねじがトリップロッドを回転させラッチを外し，リンクに連結された可動接触部が回路を遮断する．短絡電流などの大電流が流れると，固定鉄心の電磁力で可動鉄心が吸引され遮断ロッドを回転させて，瞬時に遮断する方式である．

(b) 電磁式

瞬時引外し装置（時延と瞬時）とオイルダッシュポットにより，制動されている電磁石を用いた方式で，過電流に対してはコイル内に装着したプランジャーにより時延をもって吸引し遮断する．短絡電流に対しては電磁力が大きいため瞬時に可動鉄心を吸引し，遮断する方式である．

(c) 電子式

各相に備えられた変流器で，電流を検出し変流器二次側の電子回路によって，時延あるいは瞬時の引外し特性をもたせ，トリガ信号を出しトリップコイルを励磁して引外し機構を動作させる方式である．

(d) ハンドル操作

配線用遮断器の投入・遮断操作は，ハンドルにて操作する．過電流または，短絡電流が流れて自動的にトリップした場合，ハンドルの位置は「ON」と「OFF」の中間位置，すなわちトリップ位置になり，トリップ状態が見分けられる．リセット（復帰）操作は遮断器のトリップ位置より，再び投入操作を行う場合，ハンドルを「OFF」の方向に倒すとリセットができ投入可能となる（リセット操作は，必ず事故現象を除去した後に行う必要がある）．図 **2・25** に配線用遮断器の外観を示す．

■ 図 2・25 配線用遮断器の外観 ■

2 漏電遮断器の構造

基本的な構造は，配線用遮断器と同じであるが，地絡検出および地絡遮断保護機能を兼ね備えている．地絡電流が流れると，零相変流器の二次側に電圧が誘起され，その二次電圧を漏電検出部で増幅し，引外しコイルを励磁して遮断する．

3 配線用遮断器および漏電遮断器の特性と性能

(a) 動作特性

　JIS C 8201-2-1 および JIS C 8201-2-2 では，定格電流の125％，200％の動作時間を規定している．**表2・29**に引外し時間を示す．その他の領域の動作時間は，電流の大きさに反比例するような特性をもっており，最大と最小の動作特性範囲は，動作時間がその範囲にあることを意味する．**図2・26**に動作特性曲線を示す．

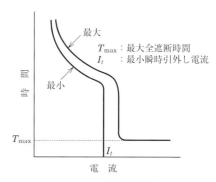

図2・26　動作特性曲線

T_{max}：最大全遮断時間
I_t：最小瞬時引外し電流

表2・29　引外し時間（JIS C 8201-2-1/8201-2-2 附属書2）

定格電流〔A〕	動作時間（コールドスタート）〔分〕	
	定格電流の200％の電流	定格電流の125％の電流
30 以下	2 以内	60 以内
30 を越え 50 以下	4 以内	60 以内
50 を越え 100 以下	6 以内	120 以内
100 を越え 225 以下	8 以内	120 以内
225 を越え 400 以下	10 以内	120 以内
400 を越え 600 以下	12 以内	120 以内
600 を越え 800 以下	14 以内	120 以内
800 を越え 1 000 以下	16 以内	120 以内
1 000 を越え 1 200 以下	18 以内	120 以内
1 200 を越え 1 600 以下	20 以内	120 以内
1 600 を越え 2 000 以下	22 以内	120 以内
2 000 を越え 4 000 以下	24 以内	120 以内

(b) 開閉耐久性能

　開閉耐久性能は，JIS C 8202 で規定され，フレームサイズによって異なる．電磁接触器と異なり開閉耐久回数が少ない．電圧引外し装置および不足電圧引外し装置などの遮断回数は，開閉耐久回数合計の10％であり注意を要する．JIS C 8201-2-1 附属書1 7.2.4 項で**表2・30**のとおり定義されている．

表2・30 開閉耐久性能（JIS C 8201-2-1/8201-2-2 附属書1）

1	2	3	4	5
定格電流 〔A〕a)	1h当たりの 動作回数 b)	動作サイクルの回数		
		無通電	通電 c)	合　計
$I_a \leq$ 100	120	8 500	1 500	10 000
100 $< I_a \leq$ 315	120	7 000	1 000	8 000
315 $< I_a \leq$ 630	60	4 000	1 000	5 000
630 $< I_a \leq$ 2 500	20	2 500	500	3 000
2 500 $< I_a$	10	1 500	500	2 000

注 a) これは，指定したフレームの大きさに対する最大定格電流を意味する．
　b) 欄2は，最小動作頻度を示す．この頻度は，製造業者の同意の下で増やしても
　　よい．この場合，使われた頻度は，その試験成績書に記載しなければならない．
　c) 各々の動作サイクルの間，回路遮断器は電流が確実に流れるに十分な時間の間，
　　閉状態を保たねばならない．ただし，2 s を超える必要はない．
〔出典〕JIS C 8201-1 附属書1 7.2.4.2項，表8動作サイクル回数

(c) 温度補正

JIS C 8201-2-1/8201-2-2 では，基準となる周囲温度を40℃と規定されているので，引外し特性は40℃で調整されている．したがって，異なる温度で使用する場合は，温度補正曲線によって補正する必要がある．図2・27 に温度補正曲線を示す．

周囲温度40℃以上で使用する場合は，定格電流に対する負荷電流を低減して使用する必要がある．安全に通電できる負荷電流は，環境条件にあわせて遮断器の定格電流よりも小さい値に制限して使用する．

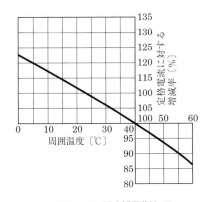

図2・27　温度補正曲線

(d) 限流遮断性能

配線用遮断器の大きな特徴は，限流遮断ができることである．短絡電流など大電流が流れると，流れはじめに電流が大きくならないように限流して遮断する．実際に遮断する電流の波高値を限流値といい，遮断容量は推定短絡電流で表示する．限流遮断性能の優れた配線用遮断器を適用すれば，回路に与える機械的（電

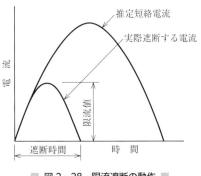

図2・28 限流遮断の動作

磁力), 熱的ストレスを小さくできる. 図 **2・28** に限流遮断の動作を示す.

4 配線用遮断器および漏電遮断器の選定

(a) 配線用遮断器の選定
(1) **特性と性能**　使用回路, 相数, 定格電圧, 定格周波数, 周囲温度, 開閉性能などを検討して選定する.
(2) **定格電流**　使用負荷の種類, 使用条件, 周囲温度, 電線サイズ, 電気設備技術基準および内線規程などの選定基準にあった選定をする.
(3) **遮断電流**　回路電圧, 使用負荷（変圧器, 電動機, 電灯, 電熱器など）の種類, 選択遮断など保護特性（保護協調の検討）を検討して選定する.
(4) **取付方法, 付属装置の有無**　主回路の接続方法, 付属装置の有無（警報スイッチ, 補助スイッチ, プレアラーム機能など）など目的にあった選定をする.

(b) 漏電遮断器の選定
漏電遮断器の選定にあたっては, 上記に加え, 地絡電流の感度電流の選定と, 地絡協調を検討する必要がある.
(1) **感度電流**　感電防止を目的とし, 電気設備技術基準, 内線規程, 労働安全衛生規則により, 使用条件に応じて感度電流と動作時間が規定されている. **表 2・31** に使用条件と感度電流, 動作時間の関係, **表 2・32** に感度電流, 動作時間による選定基準, **図 2・29** に定格感度電流の一般的な選定を示す.

■ 表2・31 使用条件と感度電流,動作時間 ■

使用条件			感度電流		動作時間
感電防止	電気設備技術基準および内線規程で高感度,高速形の使用を規定しているもの.労働安全衛生規則の適用を受けるもの.	高感度形	15 mA 30 mA		0.1 s 以内
	機器の接地が行われている回路で,漏電時の感電を防止する場合.この場合機器の接地抵抗値は,許容接触電圧 50 V 以下として,右のとおりである.	中感度形	接地抵抗	感度電流	0.1 s 以内
			500 Ω 以下	100 mA	
			250 Ω 以下	200 mA	
			100 Ω 以下	500 mA	
漏電火災保護	地絡事故に対し,幹線と分岐回路で地絡保護協調を取る場合.	〔幹線〕中感度時延形	幹線	100 mA 200 mA 500 mA	0.3 s 0.8 s 2 s
		〔分岐〕中感度高速形	分岐	100 mA 200 mA 500 mA	0.1 s 以内

■ 表2・32 感度電流,動作時間による選定基準 ■

区分		選定基準
感度電流による種類	動作時間による種類	
高感度形	高速形	感電保護を主目的とする場合(分岐回路ごとに使用することが望ましい)
	時延形	保護協調を目的として使用する場合
	反限時形	特に不要動作を防止しての感電保護の場合
中感度形	高速形	幹線に使用し,保護接地抵抗と併用して感電保護を行う場合
	時延形	電路こう長が長い場合や,回路容量が大きい場合などで保護協調を目的として使用する場合,分岐回路に高感度高速形を使用し,幹線に時延形を使用すれば保護協調がとれる.漏電火災防止を目的とする場合
低感度形	高速形	アーク地絡損傷保護を目的とする場合
	時延形	

2-10 配線用遮断器と漏電遮断器

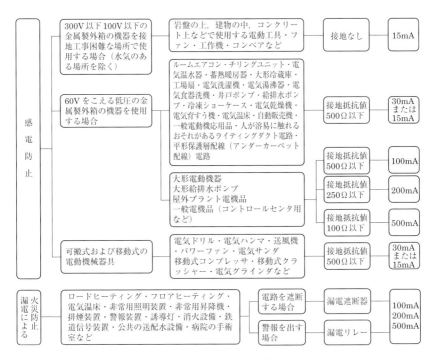

図2・29 定格感度電流の一般的な選定

2章 設備機器の役割と選び方

(2) 漏電遮断器の設置義務 電気設備技術基準では，対象電路に応じて地絡遮断装置の設置義務がある．表 2・33 に漏電遮断器設置義務の早見表を示す．

■ 表 2・33 漏電遮断器設置義務の早見表 ■

対象電路			回路電圧	300V 以下		300V 超過 (2)		感度電流（ ）内は動作時間					備 考
			対地電圧	150V 以下	150V 超過	300V 以下	300V 超過	15mA (0.1秒)	30mA (0.1秒)	100 mA	200 mA	500 mA	
（地絡遮断装置の施設）	（1）人が容易に触れる恐れのある場所に施設する使用電圧が60Vを超える金属製外箱をもった低圧機械器具に電気を供給する電路（解釈第36条）	発電所，変電所，開閉所などに施設する場合		−	−	−							
		乾燥した場所に施設する場合		−	−	□							
		水気のある場所に施設する場合		□	□	□							
		湿気の多い場所に施設する場合		−	□	□							
		非接地式回路の場合		−	−	□							
		機器に施されたD種またはC種接地工事の接地抵抗値が3Ω以下の場合		−	−	−							
		ⓔの適用を受ける二重絶縁構造の機器を施設する場合		−	−	該当電路なし		○	○	○	○	○	−
		ゴム，合成樹脂その他の絶縁物で被覆した機器を施設する場合		−	−	□							
		機器が誘導電動機の二次側電路に接続されるものの場合		−	−	□							
		機器内にⓔの適用を受ける漏電遮断器を取り付け，かつ電源引出部が損傷を受けるおそれがないように施設した場合		−	−	該当電路なし							
		試験用変圧器，電力線搬送用結合リアクトル，X線発生装置，電気浴槽，電炉，電気ボイラ，電解槽など大地から絶縁することが防御上困難なものを接続する場合		−	−	□							

2-10 配線用遮断器と漏電遮断器

	電路								備考
地絡遮断装置の施設	住宅屋内に施設する定格消費出力 2kW（単機容量）以上の機器に電気を供給する電路（解釈第143条）	－	□	該当電路なし	○	○	○	○	感電保護が原則
	火薬庫内の電気工作物に電気を供給する電路（解釈第173条）	□	該当電路なし	〃	○	○	○	○	警報可
	フロアヒーティングなどの発熱線に電気を供給する電路（解釈第195条）	□	□	該当電路なし	○	○	○	○	－
	電熱ボード，電熱シートに電気を供給する電路（解釈第195条）	□	該当電路なし	該当電路なし	○	○	○	○	－
	パイプラインなどの電熱装置に電気を供給する電路（解釈第197条）	□	□	□	○	○	○	○	－
	電気温床等において空中および地中（対地150V以下でさくを設ける場合）以外に施設する発熱線に電気を供給する電路（解釈第196条）	□	□	該当電路なし	○	○	○	○	－
	プール用水中照明灯その他これに準ずる照明灯に電気を供給する電路で絶縁変圧器（一次側300V以下，二次側150V以下）の二次側使用電圧が30Vを超える場合（解釈第187条）	□	該当電路なし	該当電路なし	＊	＊	＊	＊	＊特殊な漏電遮断器を使用すること
〔地絡遮断装置の施設による接地の緩和〕（解釈第17条）	C種，D種接地工事 500Ωに緩和				○	○	○	○	漏電遮断器は0.5秒以内に動作すること
〔地絡遮断装置の施設による接地の省略〕（解釈第29条）	300V，100A以下				○	×	×	×	水気のある場合は接地の省略は不可
〔地絡遮断装置の施設によるケーブル工事の緩和〕配線の設置工事が完了した日から1年以内に限り使用する臨時配線をコンクリートに直接埋設して施設する場合（解釈第182条）	使用電圧300V以下				○	○	○	○	－

（注） 1 非常用照明装置，非常用昇降機，誘導灯などの，その停止が公共の安全の確保に支障を生ずるおそれがある機械器具に電気を供給する電路には，警報装置でもよい．
　　　2 特高または高圧の電路から変圧器によって供給される場合．
　　　3 「解釈」とあるのは「電気設備の技術基準の解釈（2011年版）」を示す．
備考　表中の記号の意味は次のとおり．
　　　□：地絡遮断装置の施設義務あり　○：適用可能　×：適用不可

2-11 保護継電器（RY：Protection relay）

1 保護継電器の役割

　保護継電器は，JEC 2500「電力用保護継電器」において，「電力線・電力機器など保護の対象物に発生した異常状態に応動し，被害の軽減をはかり，その波及を阻止するために適切な指令を与えることを目的とする継電器」と定義されている．保護継電器は，系統の異常現象が発生すると，計器用変圧器，変流器を介して入力される電気量を検出して，遮断器などの開閉器にトリップ指令を出力するもので，故障区間を切り離し，正常な系統，機器に異常現象が波及することを防止する．また，JIS C 4602 に「高圧受電用過電流継電器」，JIS C 4609 に「高圧受電用地絡方向継電装置」が規定されている．

2 保護継電器の種類

　保護継電器は，対象となる物理量（電圧，電流，電力，周波数など），動作原理，動作特性，用途などによって分類され，多くの種類がある．高圧受電設備で一般に使用されているものとしては，過電流継電器，過電圧または不足電圧継電器，地絡継電器などが挙げられる．

　動作原理別に分類すると，誘導円板または誘導円筒形，可動鉄心形，可動コイル形，整流器形，熱動形，静止形になる．従来は，誘導円板形が主流を占めていたが，近年では，8ビットまたは16ビットCPUを採用した，静止形（ディジタル形）保護継電器の採用が多くなってきた．この静止形保護継電器の特徴は，多種類の時限特性選択，ディジタル表示機能により整定が簡単，強制動作・復帰機能内蔵でシーケンスチェックが容易な点に加え，自己診断機能により信頼性が高いなど利点が多い．図2・30に静止形過電流継電器の外観を示す．

■ 図2・30　静止形過電流継電器の外観 ■

2-11 保護継電器（RY：Protection relay）

(a) 過電流継電器（OCR：Overcurrent relay）

過電流継電器は，系統（負荷）の過負荷，短絡電流を検出すると，遮断器などにトリップ指令を出力，該当の回路を開路する．過負荷に対しては，定限時または反限時特性により一定時間経過後に保護し，短絡に対しては瞬時に保護する．

(1) 定限時特性　過負荷検出レベル以上であれば，定められた一定時間経過後に動作する．

(2) 反限時特性　過負荷検出レベル以上であれば，入力電流の大きさに反比例した時間経過後も動作する．表 2・34 に静止形過電流継電器の定格例，図 2・31 に限時要素特性を示す．

表 2・34　静止形過電流継電器の定格例

定　格	5 A，50 または 60 Hz	
要素数	1 要素または 2 要素	
ケース	固定形	引出形
限時動作整定範囲	2.0-2.5-3.0-3.5-4.0-4.5-5.0-6.0-7.0-8.0-9.0-10-12-14-16-18 A	
瞬時動作整定範囲	ロック-10-15-20-25-30-35-40-45-50-55-60-65-70-75-80 A	
時間整定範囲	0.05-0.1-0.15-0.2-0.25-0.3-0.35-0.4-0.45-0.5-0.55-0.6-0.7-0.8-0.9-1.0	
入力消費電力(5A)	1 要素：0.5 VA　2 要素：2×0.5 VA	
出力接点	限時要素 2a，瞬時要素 2a	

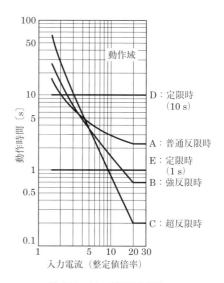

図 2・31　限時要素特性

(b) 電圧継電器（VR：Voltage relay）

過電圧継電器（OVR：Over voltage relay）は，発電機などの故障による系統電圧の上昇を検出し，負荷側の系統や機器を保護する．**不足電圧継電器**（UVR：Under voltage relay）は，停電や短絡事故などによる系統電圧の低下を検出し，負荷側の系統や機器を保護する．

(c) 地絡継電器（GR：Ground relay）

大地との接触による地絡事故には，大地間電圧・電流（零相電圧・電流）の大

きさのみで地絡事故を検出する方法と，地絡方向を検出する方法の2種類がある．

地絡過電流継電器は，零相電流の大きさにより地絡事故を検出し系統を保護し，**地絡方向継電器**は，零相電圧・電流の大きさと零相電圧に対する零相電流の位相（方向）により，定められた保護範囲内の地絡電流を検出し系統を保護する．

(d) 複合形継電器

複合形継電器は，保護継電器をベースに，保護，監視，計測，制御の各機能を集合して，ワンパッケージに収納した静止形制御装置である．

特徴として，ディジタル表示器に電圧・電流などの計測値が表示される．また，最大値・最小値が記憶されるので，保護機能動作後は動作値などの確認ができ，事故時の状況分析が容易となる．保護継電機能の整定値もディジタル表示されるので，整定が容易である．トランスデューサ機能も内蔵しているので，従来電圧・電流などの物理量を直流微小電圧または電流に変換するためのトランスデューサが不要となる．さらに，伝送機能も付加でき，個別の伝送装置が不要となり経済的である．図2・32に複合形継電器の外観を示す．

図2・32　複合形継電器の外観

2-12 計　　器

1 電気計器の分類

電気計器は，瞬時値を計る指示電気計器と積算値を計る積算電気計器に分類される．指示電気計器は，JIS C 1102「直動式指示電気計器」で規定されており，定義および共通事項をはじめとして，各直動式指示電気計器，附属品，試験方法について全9部で構成されている．また，積算電気計器である電力量計は，JIS C 1211「電力量計（単独計器）」で規定されている．

2 指示電気計器の種類と性能

　指示電気計器は，目盛と指針により瞬間的な電気の量を計る計器で，測定量，階級，動作原理，用途，形状などにより分類される．電圧計，電流計，電力計，力率計などが一般的によく使用され，階級は1.5級または2.5級が多い．用途別では，据置用，配電盤用，携帯用などあるが，高圧受電設備では，配電盤用が使用されている．表2・35に測定量・階級による種類を示す．

　配電盤用指示計器は，角形丸胴埋込形計器が多く使用され，中でも広角度目盛のものが多く使用されている．最近では電子式のものも使用されだした．表2・36に指示計器の動作原理による種類および記号，図2・33に角形丸胴埋込形

表2・35　指示電気計器の測定量・階級による種類

測定量による種類	階級の種類	許容差	
電圧計 電流計 電力計 無効電力計	0.2級 0.5級 1.0級 1.5級 2.5級	最大目盛値，有効測定範囲内の上限と下限の絶対値の和または有効測定範囲の上限値に対し	±0.2% ±0.5% ±1.0% ±1.5% ±2.5%
位相計 力率計 無効力率計		携帯用 配電盤用	±3° ±4°
周波数計 （指針形）	0.2級 0.5級 1.0級	最大目盛値に対し	±0.2% ±0.5% ±1.0%

（a）広角度目盛計器

（b）電子式計器

図2・33　角形丸胴埋込形計器の外観

表 2・36　動作原理による種類および記号

動作原理		記号	動作原理		記号
永久磁石可動コイル形			永久磁石可動コイル比率計形		
可動鉄片形			可動鉄片比率計形		
電流力計形	空心		電流力計比率計形	空心	
	鉄心入			鉄心入	
静電形			整流形		
誘導形			熱電形	直熱	
				絶縁	
振動片形			トランスデューサ形		測定回路　補助回路

計器の外観を示す．

指示電気計器の記号

　指示電気計器に記載されている記号は，動作原理，交流・直流の区別，取付姿勢により区分されている．**表 2・37** に直流・交流を表す記号，**表 2・38** に取付姿勢を表す記号を示す．

表 2・37　直流・交流を表す記号

種類	記号
直　流	――または ---
交　流	～
直流および交流	≃
平衡三相交流	≋
不平衡三相交流	≋

表 2・38　取付姿勢を表す記号

種類	記号
鉛直	⊥
水平	⊓
傾斜（60°の例）	/60°

3　指示電気計器の目盛値の選定

　指示電気計器の目盛値は，常時使用する電気量がほぼ目盛の中央付近に指示されるように決めるのが一般的である．

(a) 電流計の目盛値

(1) 電流計を直接接続する場合（低圧回路では 75 A 程度まで） 定格電流が目盛の中央付近に指示されるようにするために，定格電流の約 1.5 倍が最大目盛になるようなものを選定すればよい．

(2) 電流計を変流器と組み合わせて使用する場合 変流器の定格一次電流値を最大目盛値とすればよい．

表 2・39 に指示電気計器の最大目盛値の種類を示す．

表 2・39 指示電気計器の最大目盛値の種類

測定量による種類	電圧計	電流計	電力計
階　級〔級〕	1.0, 1.5, 2.5	1.0, 1.5, 2.5	0.2〜2.5
最大目盛値	・1, 1.5, 3, 5, 7.5 　(4.5 kV, 9 kV) ・上記の 10 の整数乗倍	・1, 1.5, 2, 3, 4, 5, 7.5 　(600 A, 800 A, 1 200 A) ・上記の 10 の整数乗	・1, 1.2, 1.5, 2, 2.5, 3, 4, 4.5, 5, 7.5, 8, 9 ・上記の 10 の整数乗倍
単　位	mV（1 500 以下） V（10 000 未満） kV	μA，mA（1 500 以下） A kA	W，kW（10 000 未満） MW

(b) 電圧計の目盛値

電圧計は，回路電圧が 300 V 以下は回路に直接接続し，300 V 以上は計器用変圧器と組み合わせて使用する．計器用変圧器の定格一次電圧値（回路の公称電圧値）Y〔V〕に対し，最大目盛値 Z は，式(2・2)で求められる．

$$Z = \frac{Y}{1.1} \times 1.5 \ \text{〔V〕} \tag{2・2}$$

たとえば，計器用変圧器の定格一次電圧が 6 600 V 回路の場合

$$Z = \frac{6\,600}{1.1} \times 1.5 = 9\,000 \ \text{〔V〕} \tag{2・3}$$

となり，最大目盛値は 9 000 V のものを選定すればよい．

(c) 電力計の目盛値

電力計は計器用変成器と組み合わせて使用する．一般的には計器定格が 110 V，5 A であり，単相電力計は 0.5 kW，三相電力計は 1.0 kW である．したがって，電力計の最高目盛値は，それぞれの値に変成比を乗じて求めればよい．変流器の

変流比を $X/5$，計器用変圧器の変圧比 $Y/110$，最高目盛値を Z とすると，三相電力計の最大目盛値 Z は，式 (2・4) で求められる．

$$Z = 1 \times \frac{X}{5} \times \frac{Y}{110} \quad [\text{kW}] \tag{2・4}$$

単相電力計の最大目盛値 Z は，式 (2・5) で求められる．

$$Z = 0.5 \times \frac{X}{5} \times \frac{Y}{110} \quad [\text{kW}] \tag{2・5}$$

たとえば，変流器の変流比が 200/5，計器用変圧器の変圧比が 6600/110 である三相電力計は

$$Z = \frac{200}{5} \times \frac{6\,600}{5} = 2\,400 \quad [\text{kW}] \tag{2・6}$$

となり，最大目盛値は 2 400 kW にすればよい．

4 積算電気計器

積算電気計器は，電気の量を累積（積算）表示する電気計器で，電力量計がその代表的な計器である．電力量計は，その測定範囲（精度），使用目的により普通級，精密級，特別精密級に分類される．最近では，電圧，電流回路の消費電力が少ないため，計器用変成器の負担が小さく，小形・軽量でパルス出力により遠隔計測可能な，電子式積算電気計器も使用されている．**図 2・34** に電力量計の外観を，**表 2・40** に電力量計の適用範囲を示す．

（a）誘導形電力量計　　（b）電子式電力量計

■ **図 2・34　電力量計の外観** ■

■ 表 2・40　電力量計の適用範囲 ■

電力量計の種類	契約最大電力	組合せ変成器の階級
普通電力量計	500 kW 未満の場合	1.0 W 級
精密電力量計，無効電力量計，最大需要電力計	500 kW 以上の場合	0.5 W 級
特別精密電力量計	10 000 kW 以上の場合	0.3 W 級

(a) 普通電力量計

主として，低圧大電流需要及び高圧小電流需要の電力量測定に使用される．計器誤差は定格電流の 1/30〜1/1 の電流において，±2.0% である．

(b) 精密電力量計

主として，高圧および特別高圧の大口需要の，電力量測定に使用される．計器誤差は定格電流の 1/10〜1/1 の電流において，±1.0% である．

(c) 特別精密電力量計

主として，特別高圧の超大口電力需要の電力量測定に使用される．計器誤差は定格電流の 1/10〜1/1 の電流において，±0.5% ときわめて精度が高い．

(d) 無効電力量計

主として電力量計と併用して需要家の日間，月間等の平均力率測定に使用される．計器誤差は ±2.5% である．また，一般的には契約最大需要電力が 500 kW 以上の場合に用いられ，月間平均力率は式 (2・7) で求められる．

$$月間平均力率 (\cos\phi) = \frac{月間使用電力量 (kW\cdot h)}{\sqrt{[月間使用電力量 (kW\cdot h)]^2 + [月間使用無効電力量 (kvar\cdot h)]^2}} \quad (2\cdot 7)$$

2-13　直流電源装置

1　直流電源装置の役割

直流電源装置は，受電設備の制御・保護用補助電源，消防法にもとづく非常電源，建築基準法にもとづく予備電源，通信設備用電源および自家発電設備の始動用電源として採用されている．

いずれの用途においても，信頼性が重視される設備であり，万一商用電源が停電しても必要な機能を維持するために電気エネルギーを蓄積する手段として蓄電池を使用する．

2 直流電源装置の種類とシステム構成

直流電源装置は，蓄電池，充電装置およびその他の附属装置で構成される．

(a) 直流電源装置の種類
以下に装置適用の種類とその代表電圧値を示す．
(1) 受電設備の制御・保護用補助電源…DC 100 V
(2) 消防法にもとづく非常電源…DC 100 V
(3) 建築基準法にもとづく予備電源…DC 100 V
(4) 通信設備用電源…DC 24 V/48 V
(5) 自家発電設備の始動用電源…DC 24 V/48 V/60 V

(b) 直流電源装置のシステム構成

図 2・35 に直流電源装置の基本構成を示す．

定常時は，定電圧整流器にて負荷電流 I_L と蓄電池の自己放電を補う浮動充電電流 I_C を負担している．

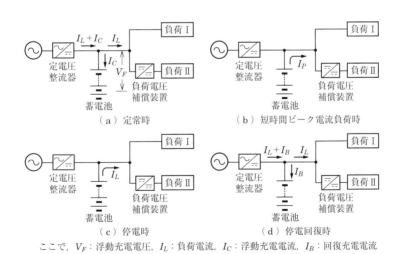

ここで，V_F：浮動充電電圧，I_L：負荷電流，I_C：浮動充電電流，I_B：回復充電電流

図 2・35　直流電源装置の基本構成

負荷側にて短時間大電流を必要とした場合，定電圧整流器は出力電流制限機能により短時間負荷電流 I_P は蓄電池が放電し，負荷電流の負担が終わると蓄電池の放電分を定電圧整流器から充電する．

交流入力停電時は，蓄電池が全負荷電流を負担し，交流入力が復電すると，定電圧整流器は負荷電流 I_L を負担しながら，蓄電池に対し回復充電電流 I_B を供給する．

(c) 負荷電圧補償装置

負荷電圧補償装置とは，負荷側の許容電圧と蓄電池の充電電圧の差を補償する装置であり，整流素子ドロッパ方式が多く採用されている．

(d) その他附属回路

負荷設備の構成および他設備との関連などにより，直流電源装置内に次の回路を追加する場合がある．
(1) 負荷分岐用配線用遮断器
(2) 非常電灯負荷回路

3　直流電源装置の選定と留意点

直流電源装置は **2** 項 (a) で述べたように，適用する負荷設備によりその出力電圧値が異なる．次にその蓄電池容量の選定，法規および装置設置時の留意点を示す．

(a) 蓄電池容量の選定

蓄電池容量の選定にあたっては，次の供給条件を決める必要がある．

(1) **放電時間**　予想される最大負荷供給時間（最大停電時間）．
(2) **放電電流**　放電開始時から終了までの負荷電流の大きさと，その経時的変化．
(3) **最低蓄電池温度**　設置場所の温度条件を推定し，蓄電池温度の最低値の決定．
(4) **許容最低電圧**　負荷側機器の許容最低電圧に蓄電池と負荷側機器間の接続線の電圧降下分を加えた電圧値．
(5) **セル数**　セル数は負荷側機器の最高制限電圧，最低制限電圧を考慮して決定．

(6) 保守率 蓄電池の使用年数，使用条件および保守状態による容量変化を補償する補正値．

蓄電池容量を算出するには，電池工業会規格 SBA S 0601「据置蓄電池の容量算出法」に定められている蓄電池容量算出式に上記条件の決定値を代入することで求めることができる．ただし，放電電流の時間経過による増減や自家発電設備の始動用電源の場合は，それぞれ換算方法や算出式が異なるので注意を要する．

(b) 消防法および消防庁告示

蓄電池設備（ここで蓄電池設備とは，充電装置，逆変換装置およびこれらの一部または全部を組み合わせたもの）の負荷に消防用設備が接続される場合には，消防用蓄電池設備としての規則が適用され，次の規則，告示などにより，構造・性能などが規定されている．

(1) 消防法施行規則
(2) 蓄電池設備の基準…昭和48年消防庁告示第2号（改正平成24年消防庁告示第4号）
(3) 自家発電設備の基準…昭和48年消防庁告示第1号（改正平成18年消防庁告示第6号）

蓄電池設備の基準（消防庁）で定めるキュービクル式蓄電池設備の構造基準の主な内容を次に示す．

(1) 外箱の材料は鋼板とし，その板厚は，屋外用のものにあっては，2.3 mm 以上，屋内用ものにあっては 1.6 mm 以上であること．
(2) 蓄電池，充電装置などの機器は，外箱の床面から 10 cm 以上の位置に収納されているか，またはこれと同等以上の防火措置が講じられたものであること．
(3) キュービクルの内側に耐酸または耐アルカリ性塗装を施すこと．ただし，制御弁式またはシール形蓄電池を収納する場合を除く．
(4) 自然換気口の有効面積は，1面当たり蓄電池収納部分で 1/3 以下，充電装置などの収納部分で 2/3 以下とすること．

(c) 火災予防条例

公称蓄電池容量〔Ah〕×（蓄電池個数）が 4 800 Ah・セル以上の蓄電池設備は，火災予防条例準則および都道府県の火災予防条例により規制を受ける．東京都火災予防条例の例を次に示す．

(1) 電槽は，耐酸性の床上または台上に転倒しないように設けなければならない．
(2) リチウムイオン蓄電池を用いた蓄電設備には，過充電の防止その他の蓄電池からの発火を防ぐ措置を講じること．
(3) 水が浸入し，または浸透する恐れのない措置を講じた場所に設けること．
(4) 不燃材料で造った壁，柱，床および天井で区画され，かつ，窓および出入口に防火戸を設けた室内に設けること．
ただし，蓄電池設備の周辺に有効な空間を保有するなど防火上支障のない措置を講じた場合においては，この限りでない．
(5) 屋外に通ずる有効な換気設備を設けること．
(6) 見やすい箇所に，蓄電池設備である旨を表示した標識を設けること．
(7) 蓄電池設備のある室内には，係員以外の者をみだりに出入させないこと．
(8) 室内は常に整理および清掃に努め，可燃物をみだりに放置しないこと．
(9) 屋外に設ける蓄電池設備にあっては，建築物から3m以上の距離を保たなければならない．
ただし，不燃材料で造り，またはおおわれた外壁で開口部のないものに面するときは，この限りでない．

2-14 無停電電源装置 (UPS：Uninterruptible power system)

1 無停電電源装置の役割

　高度情報化社会を支えているコンピュータや通信機器は，24時間・365日連続稼動を行っている．それらシステムへの高信頼安定化電源として無停電電源装置が導入される．

　JEC-2431「半導体交流無停電電源システム」では，「変換装置，エネルギー蓄積装置（例えば蓄電池）および必要に応じスイッチを組み合わせることにより，交流入力電源の停電に際し，負荷電力の連続性を確保することのできる交流電源システムであり，この規格ではUPSシステムと称する．」と規定している．

2 無停電電源装置の種類とシステム構成

(a) UPSの基本構成

UPSは図2・36のUPSシステムの基本回路に示すように，交流入力電力を整流器で直流に変換し，この直流電力を定電圧定周波数の安定した交流に，インバータを用いて逆変換する装置である．

交流入力電源が瞬時電圧低下または停電した場合には，蓄電池に蓄えられた直流電力をインバータで逆変換することで負荷に無瞬断の交流電力を供給することができる．

UPSは交流入力のバックアップ電源としてバイパス回路を有し，保守点検時や不測の事態により装置停止となった場合には，負荷に対する電力供給をバイパス回路側に切り換える．通常，UPSはその出力周波数をバイパス回路の周波数にあわせて動作し（商用同期運転），上記切換えを無瞬断にて行う．

UPS用蓄電池の充電方式として，UPSの直流回路と蓄電池が直結された浮動充電方式により一定電圧で常時充電を行い，瞬時電圧低下または停電にて蓄電池が放電した後の回復充電は，所定の充電電流で充電を行う．

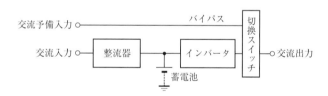

図2・36 UPSシステムの基本回路図

(b) UPSのシステム構成

(1) 単一UPSシステム　交流入力電力を直流電力に順変換する整流器と，その整流器の直流電力と，交流入力が停電した際に，蓄電池からの直流電力を安定した交流電力に逆変換するインバータを備え，インバータの交流電力を商用バイパスと無瞬断で切り換える無瞬断切換回路を内蔵している．また，これらの回路を保守点検する際にも，負荷給電を継続する目的でメンテナンスバイパス回路を有した構成としている．最近では，整流器とインバータを一体化したパワーモ

2-14 無停電電源装置（UPS：Uninterruptible power system）

ジュールを一つのUPS筐体内に必要容量に応じて複数段搭載し，並列接続している「モジュールUPSシステム」がある．このパワーモジュールは，他回路が運用中でも当該部分を停止後，引抜き・挿入が可能な構成としている．

(2) 並列冗長UPSシステム　整流器とインバータで構成するUPS本体を複数台並列に接続し，負荷容量（システム容量）からUPS本体の並列台数N台を決め，それに1台分の冗長をもたせた$N+1$台とする．そして，単一UPSシステムと同様に並列に接続されたUPS本体の交流出力を商用バイパスと無瞬断で切り換える無瞬断切換回路とメンテナンスバイパス回路を有した構成としている．個別バイパスUPSシステムは，並列冗長UPSシステムのUPS本体が単一UPSシステムで構成されたシステムである．

(3) 共通予備UPSシステム　常時負荷給電を行う複数台の常用系UPSシステムのバイパス入力に1台の予備系UPSシステムの出力を共通に接続して構成する．この方式を適用することで，システムごとに冗長化することができ，さらに，

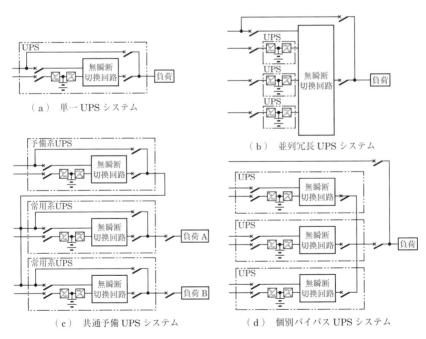

図2・37　各UPSシステムの基本回路図

負荷システムが増加した際のシステム容量増設も常用系 UPS システムを追加することで対応が可能となる．また，交流入力系統の周波数変動が大きいときでも，各常用系 UPS システムは安定した予備系 UPS システムの出力との無瞬断切換が可能となる．図 2・37 に単一 UPS システム，並列冗長 UPS システム，共通予備 UPS システム，個別バイパス UPS システムの基本回路を示す．

3　無停電電源装置の選定と留意点

(a) UPS システムの選定

(1) UPS システムの重要度・信頼度　UPS システムを選定するにあたり，まず第一に負荷設備に要求される重要度・信頼度を考慮する必要がある．

(2) 負荷設備容量と UPS システム容量の選定　UPS システムの負荷となる各設備の容量をそのまま積算すると，UPS システム容量が過大となってしまう．よって，負荷設備の稼動率，負荷率を考慮して UPS システム容量を決定する必要がある．

(3) 負荷設備への電圧印加時の突入電流対策　電圧を印加した瞬間，定格電流よりも大きな電流を取り込む負荷設備に対する，UPS システムの電圧変動抑制対策として，

　①負荷設備を順次投入とする
　②励磁突入電流を抑えた負荷側変圧器を用いる
　③負荷設備始動時，バイパス給電にて負荷設備を立ち上げ，その後インバータ給電へ切り換える
　④負荷設備側に限流回路を設ける

(b) UPS システムの設備設計上の留意点

UPS システムの設備設計を行うにあたり，基本的に次の 3 点に留意する必要がある．

　①負荷設備側の要求条件
　② UPS システムに求められる重要度・信頼度（社会的影響など）
　③設備全体としての相互協調（位置づけ，環境条件，経済性など）

これらを基本として設備計画時に留意するポイントを表 2・41 に示す．

表 2・41　UPS システム計画上の留意点

項　目		主なポイント
負　荷		負荷の目的・用途 負荷の運用条件 負荷システム
UPS	本　体	システム方式（信頼度レベル） 保守対応 将来拡張・リプレース
	周　辺	停電補償時間 蓄電池の種類・リプレース
電　源 （UPS の上位側）		UPS への引込回線 非常用発電機
設置環境		空調設備（温度） 耐震性 ケーブルルートなど（ノイズ，ルート分散） 搬出入スペース（拡張，保守）

2-15　自家発電装置

1　自家発電装置の役割

　近年，世界中がインターネットなどのネットワークで接続されるグローバルネットワーク社会になり，電源の重要性はますます高まっている．したがって，万一商用電源が停電すると一般家庭を含めた社会に与える影響は計り知れず，昼夜を問わず自然の影響を受けない商用電源をバックアップする設備が重要である．近年，停電対策としてリチウムイオン蓄電池や燃料電池といった蓄電設備が普及し始めてはいるが，設置面積や設置費用の関係からバックアップ時間に限度があり，長時間バックアップが可能な自家発電設備の役割はこれからも大きい．

2　自家発電装置の種類とシステム構成

　自家発電装置としては，ディーゼル機関，ガス機関およびガスタービンなどの内燃機関を原動力としているが，熱効率の良いディーゼル機関を用いたディーゼル発電装置が一般に使用されている．

ディーゼル発電装置は，ディーゼル機関，交流発電機および励磁装置，ディーゼル機関始動装置，配電盤および制御盤，燃料装置，冷却装置などで構成される．

(a) ディーゼル発電装置の分類

ディーゼル発電装置の分類は，冷却方式，始動方式，発電機の励磁方式，構造などにより，次のように分類される．

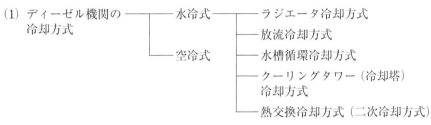

(1) ディーゼル機関の冷却方式 ─┬─ 水冷式 ─┬─ ラジエータ冷却方式
　　　　　　　　　　　　　　　│　　　　　├─ 放流冷却方式
　　　　　　　　　　　　　　　└─ 空冷式 ├─ 水槽循環冷却方式
　　　　　　　　　　　　　　　　　　　　├─ クーリングタワー（冷却塔）冷却方式
　　　　　　　　　　　　　　　　　　　　└─ 熱交換冷却方式（二次冷却方式）

(2) ディーゼル機関の始動方式 ─┬─ 電気式始動
　　　　　　　　　　　　　　　└─ 空気式始動

(3) 発電機励磁方式 ─┬─ ブラシレス励磁方式
　　　　　　　　　　└─ 静止励磁方式

(4) 構造 ─┬─ 定置式
　　　　　└─ キュービクル式

(b) キュービクル式ディーゼル発電装置の構造

500 kW 以下の小容量機種は，キュービクル式が多く使用されている．

キュービクル式は，ディーゼル機関，交流発電機，燃料タンク，始動装置，冷

■ 図2・38　キュービクル式ディーゼル発電装置の外観 ■

却装置，制御盤をはじめ自家発電装置として必要な機器をすべてパッケージ内に収納したもので，コンパクトで据付工事が簡単である．また，不燃専用室が不要で，電気室，機械室，ポンプ室などに設置でき，保守点検も便利である．図2・38にキュービクル式ディーゼル発電装置の外観を示す．

(c) 防災用自家発電装置

消防法で規定される防災用および常用防災兼用発電装置には，（一社）日本内燃力発電設備協会による，製品認証が必須であり，適合マーク，消防庁認定マーク，JABマークおよび登録票の貼付が義務づけられている．また，原動機，発電機，制御装置などの構成機器には，それぞれ構成機器の適合マークを貼り付けなければならない．図2・39に自家発電装置の適合マーク，認定マーク，JABマーク，登録票を示す．

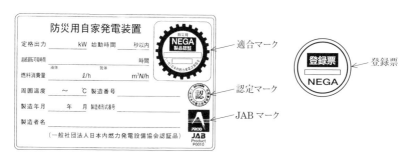

図2・39　自家発電装置の適合マーク，認定マーク，JABマークと登録票

3　自家発電装置の選定と留意点

(a) 発電機容量の選定

自家発電装置の容量を決定するには，発電機にかかる負荷の種類，特性，容量，始動方式など十分調査し，次に示すRG1からRG4までの計算を行い決定する．

RG1：定常負荷出力係数と呼び，発電機端における定常時負荷電流によって定まる係数．

RG2：許容電圧降下出力係数と呼び，電動機などの始動によって生ずる発電機端電圧降下の，許容量によって定まる係数．

RG3：短時間過電流耐力出力係数と呼び，発電機端における過渡時負荷電流の

最大値によって定まる係数.

RG4：許容逆相電流出力係数と呼び，負荷の発生する逆相電流，高調波電流分などによって定まる係数.

PG1～PG4は，消防庁予防課監修「自家発電設備の出力算出法（NEGA C 201）」により計算する．

(b) 自家発電装置のタイプの選定

自家発電装置には，その構成機器を専用の発電機室に配置するオープン式と，構成機器の全部または主要機器を，キュービクルに収納してコンパクトにしたキュービクル式とがある．

選定の基準は，不燃専用室の有無により，不燃専用室が準備できる場合はオープン式，不燃専用室がない場合は，キュービクル式を選定する．また，ディーゼル機関の冷却方式は，冷却水槽やクーリングタワー（冷却塔）などの設置可否，補機・配管工事費用やメンテナンス費用など総合的に検討して選定する．阪神・淡路大震災以前は水槽循環冷却方式やクーリングタワー（冷却塔）冷却方式が多く採用されていたが，地震による振動が原因でこの冷却配管が破損し，ディーゼル発電装置が機能しなかった事例が多数発生したため，震災後は中・小規模を中心にラジエータ冷却方式が採用されている．

このほか経済比較の検討も重要で，設置条件などを考慮して選定する．

3章 接続図と施工図

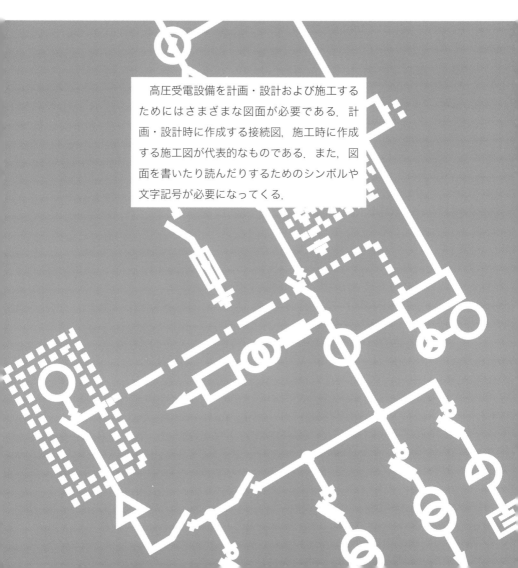

　高圧受電設備を計画・設計および施工するためにはさまざまな図面が必要である．計画・設計時に作成する接続図，施工時に作成する施工図が代表的なものである．また，図面を書いたり読んだりするためのシンボルや文字記号が必要になってくる．

3章 接続図と施工図

3-1 図面の種類

　図面にはその目的と用途に応じさまざまな種類がある．用途別に分類すると計画図，製作図，施工図などが挙げられる．表現形式別分類では外観図，接続図，立体図などがある．また，内容別分類では部品図，組立図，構造図などがある．これら図面のうち代表的なものを**表3・1**に示す．高圧受電設備に関して，これらほとんどの図面が必要となってくるが，代表的な図面として接続図および施工図が挙げられる．

表3・1　図面の種類

図面区分	図面の種類	定　　義
用途別分類	計　画　図	設計の意図，計画を表した図面
	試　作　図	製品または部品の試作を目的とした図面
	製　作　図	一般に設計データの基礎として確立され，製造に必要なすべての情報を示す図面
	施　工　図	現場施工を対象として描いた製作図
	見　積　図	見積書に添えて，依頼者に見積内容を示す図面
	承　認　用　図	注文書などの内容承認を求めるための図面
表現形式別分類	一　般　図	構造物の平面・立面・断面図などによって，その形式・一般構造を表す図面
	外　観　図	梱包，輸送，据付け条件を決定する際に必要となる対象物の外観形状，全体寸法，質量を示す図面
	接　続　図	図記号を用いて，電気回路の接続と機能を示す系統図
	立　体　図	軸側投影，斜投影法または透視投影法によって描いた図の総称
内容別分類	部　品　図	部品を定義するうえで必要なすべての情報を含んだ，これ以上分解できない単一部品を示す図面
	組　立　図	組立図部品の相対的な位置関係，組み立てられた部品の形状などを示す図面
	配　置　図	地域内の建物位置，機械などの据付け位置の詳細な情報を示す図面
	基　礎　図	構造物などの基礎を示す図または図面

3-2 接続図

接続図は図記号を用いて，電気回路の接続と機能を示す系統図であり，各構成部分の形，大きさ，位置などは考慮しないで図示したものである．接続図の種類を表3・2に示す．

表3・2 接続図の種類

	接続図の種類	特徴
接続図	単線接続図	電気的なつながりを全て1本の線で表現した図面
	複線接続図	各機器の接続を個別の線によって表現した図面
	展開接続図	制御器具の制御動作の順序を示す図面

1 単線接続図

単線接続図は配線，電気機械器具などの電気的なつながりを1本の線で書き表したもので，高圧受電設備用図面の中で最も基本となる．単線接続図は受電点から負荷側送り出しまでの系統を表示し，機器の種類・定格・仕様などを図記号・器具番号で書き表し，一目で設備の概要を把握できるようにした図面である．したがって，図面には電気的接続関係，保護装置，接地線，主回路機器定格および個数などを記載する．設備概要の把握をさらに容易にするため，幹線サイズ，負荷名称・容量などを追記することが望ましい．図3・1に高圧受電設備の単線接続図例を示す．

単線接続図は下記について考慮が必要である．

(a) 電気系統

電力会社引込部から負荷設備への送り出し部まですべての設備について図示する．

(1) 引込部は地中ケーブルか架空線であり，どちらの方式であるか明確に図示する．
(2) 責任分界点・財産分界点を電力会社と協議のうえ記載する．

3章 接続図と施工図

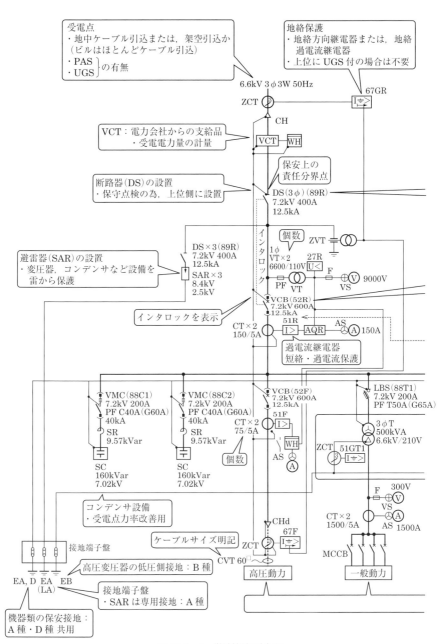

■ 図3・1 単線接続図例

3-2 接続図

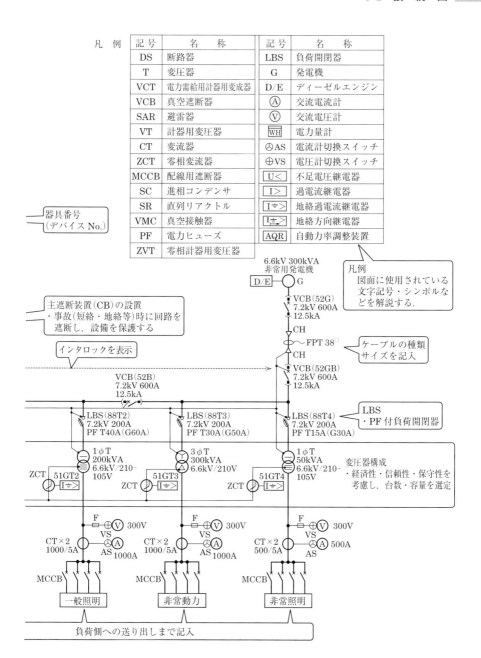

(b) 接続関係

機器の接続関係がわかるように記載する．

(1) 電力需給用計器用変成器（VCT）は電力会社支給品となり，設置位置を電力会社と事前確認のうえ図示する．
(2) 受電用断路器（DS）は受電設備を保守・点検時に開路し，無電圧状態にするための機器であり，受電点に最も近い位置に設置する．
(3) 避雷器（SAR）は変圧器・コンデンサなど設備機器を雷から保護するため受電用断路器と同様に受電点に最も近い位置に設置する．
(4) 主遮断装置（CB）は事故（短絡・地絡など）時に回路を遮断し，設備を保護する役割をもっているため，責任分界点に近い位置に設置する．

(c) 保護装置

重要な設備は保護装置が必要であり，その種類を記載する．

受電点地絡保護は上位側に UGS がない場合は必要となる．零相変流器（ZCT）および零相計器用変圧器（ZVT）と組み合わせて方向性の地絡継電器とするのが望ましい．

(d) 機器定格・個数

設備の規模，性能，概要を容易に把握するため，各機器の定格および個数を記載する．

(1) 遮断装置（CB）は電圧，電流および遮断電流を記載する．遮断電流の記載により設備の性能を知ることができる．
(2) 断路器（DS）は電圧，電流および短時間電流を記載する．短時間電流は遮断器の遮断電流と同等以上としなければならない．
(3) 避雷器は電圧および放電電流を記載する．避雷器の性能は放電電流で表される．
(4) 変流器（CT）・計器用変圧器（VT）は，変成比と共に個数を記載する．単相機器，三相用機器の区別が明確となる．

(e) 接地線

接地は電気設備技術基準において，異常時の電位上昇，高電圧の侵入等による感電，火災その他人体に危害を及ぼし，または物件への損傷を与えるおそれがないよう，接地その他の適切な措置を講じなければならないとしている．

接地工事の種類はA種接地工事からD種接地工事まであり，A種接地工事，C種接地工事およびD種接地工事は電気機器やケーブルの金属外装などの非充電部に施す接地工事である．B種接地工事は，特別高圧または高圧を低圧に変圧する変圧器の低圧側電路に施す接地工事である．
(1) 避雷器の接地は単独でA種接地工事を施す．
(2) 高圧変圧器の低圧側電路にはB種接地工事を施す．
(3) 高圧受電設備機器の保安接地としてA種設置工事を施す．
(4) 変流器・計器用変圧器の二次側にはD種接地工事を施す．
(f) その他
図中に記載された図記号・シンボルを説明した凡例を記載する．

2　複線接続図

　複線接続図は各機器の接続を個別の線によって図示した図面である．単線接続図では機器接続が明確に表現できない部分もあり，機器製作や配線工事上この複線接続図が必要となる．高圧受電設備では三相回路が主体であり複線接続図は主に3線接続図を意味する．**図3・2**に3線接続図の例を示す．
　3線接続図は下記について考慮が必要である．
　構成は単線接続図と同様であるが，三相回路は実際の回路と同様3線で記載する．変圧器などの機器についても具体的な結線で記載する．機器の図記号なども単線と3線では異なってくることもある．
(a) 電気系統
　受電引込部や母線部分に相表示（R相，S相，T相）を記載する．単相変圧器などは高圧側および低圧側の相接続が明確となり，三相のバランスを考慮できる．
(b) 接続関係
　機器の接続関係がわかるように記載する．
(1) 変圧器の結線は単線接続図では△-△などと記入するが3線接続図の場合は具体的な結線を記載する．
(2) 受電用断路器（DS）は通常3極形を使用し，避雷器用断路器は単極形を使用することが多い．これらの区別が可能なよう記載する．
(3) 避雷器（SAR）は一般に単極形を3個使用し，二次側で一括し接地する．

3章　接続図と施工図

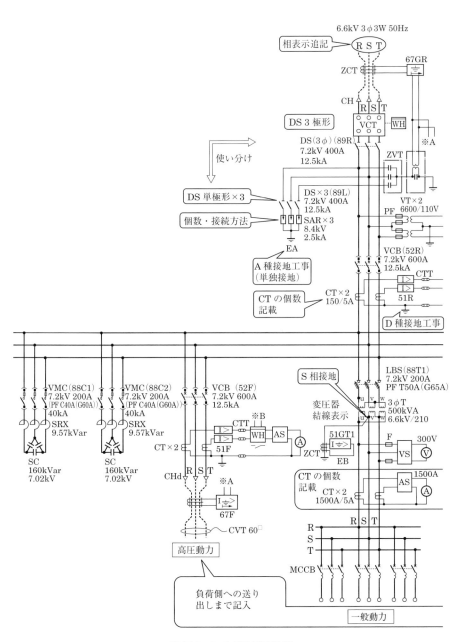

図3・2　3線接続図例

3-2 接続図

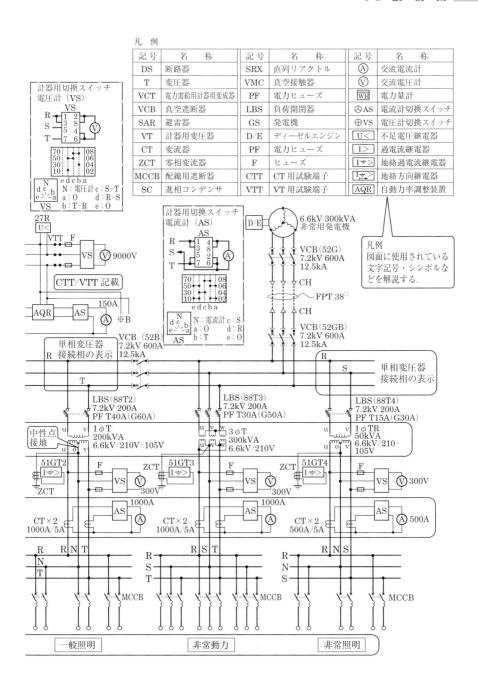

(c) 保護装置

受電点方向性地絡保護継電器は零相変流器（ZCT）および零相計器用変圧器（ZVT）からの入力が必要である．

(d) 機器定格・個数

定格は単線接続図と同様であるが，個数は実際の機器を記載することになる．

(1) 三相回路において各相の電流を計測するために変流器は2個必要であり，通常R相とT相に各1個取り付ける．S相の電流はR相とT相の電流値からベクトル合成で求められる．図3・3にベクトル合成図を示す．

(2) 過負荷・短絡保護用過電流継電器も変流器と同様にR相とT相に設置する．

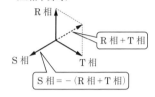

図3・3　ベクトル合成図

(e) 接地線

高圧変圧器の低圧側中性点には電気設備技術基準によりB種接地工事が必要である．中性点に接地工事が施しがたいときは，低圧側使用電圧300V以下の場合に限り，低圧側の1端子に施す．一般にはS相接地とすることが多い．

図3・4に低圧側に接地するB種接地工事を示す．

(f) その他

低圧三相4線式配電では，相電圧，線間電圧などを明確にする．図3・5に三相4線式配電例を示す．

3　展開接続図

展開接続図とは制御機械器具の制御動作の順序（シーケンス）を示す接続図であり，通常シーケンスダイアグラム（略称シーケンス）という．操作回路，計測回路，保護回路の各種接点およびコイルなどを動作順に従って展開する．

シーケンス制御は系統の運用方法を踏まえ，操作モード切換，保護連動，インタロック，自動制御機能などがある．シーケンスを作成する上で系統の運用法を決定しなければならない．初めからシーケンスを作成することは難しいため，機器動作を簡単に表す方法としてブロックダイアグラムを使用する．機器の動きを

3-2 接続図

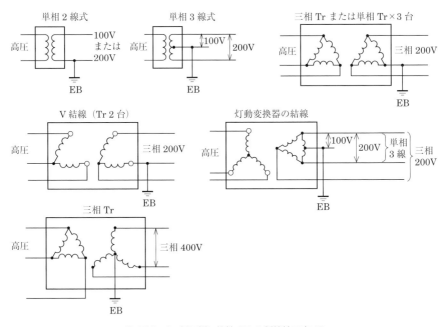

■ 図3・4　低圧側に接地するB種接地工事 ■

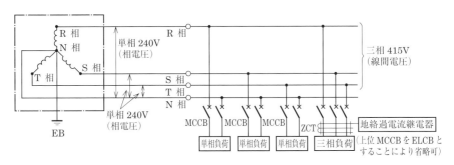

■ 図3・5　三相4線式配電例 ■

各々ブロック化し，このブロックを簡単なロジック記号（AND/OR記号）で接続する方法である．とくに自動制御回路にはこのブロックダイアグラムが有効であり，インタロック回路や保護連動回路にも利用される．**図3・6**にブロックダイアグラムの例を，**図3・7**に展開接続図の具体例を示す．

113

3章 接続図と施工図

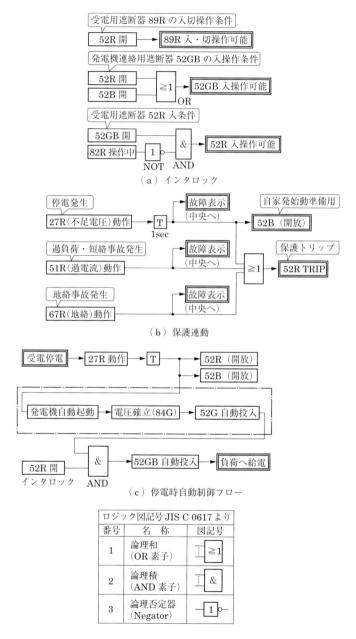

図3・6

3-2 接続図

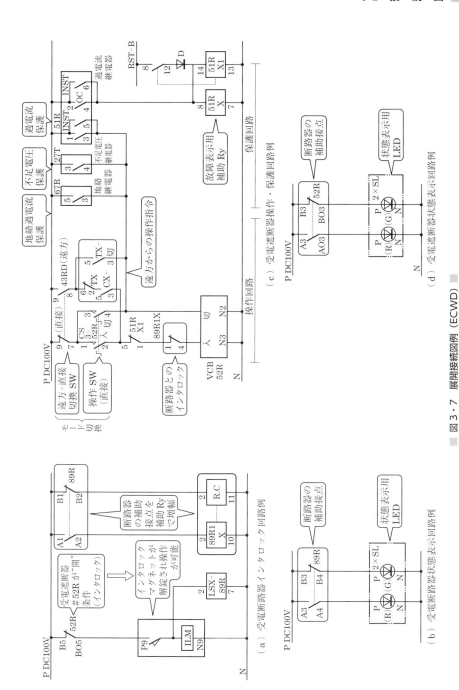

図 3・7 展開接続図例（ECWD）

(a) 操作モード切換

(1) 操作場所切換　　断路器，遮断器など開閉器類の電気的操作を2箇所以上で行う場合に操作場所を選択するスイッチを設ける．

(2) 制御切換　　機器操作の利便性，確実性の向上を図る自動運転（自動制御）回路を設けるときに，この自動回路を使用するかあるいはロックするかの選択スイッチを設ける．

(b) 保護連動機能

　保護連動は，系統における異常や機器の故障から事故点の除去，波及事故防止，さらには保守員に対する表示・警報などを目的としている．

(1) 故障項目の分類　　発生個所，内容を即座に保守員に通報可能であることが重要である．このためには故障項目をあらかじめ分類しておく．

(2) 監視場所　　機器状態や故障の監視は一般的に現場電気室と中央監視室の2箇所で行っている．現場での項目と中央での項目をあらかじめ分類・整理をしておく．

(c) インタロック

　インタロックは，機器や装置の動作に制限を与えるもので，誤動作防止，安全性確保，機器の損傷防止などを目的としている．

(1) 遮断器のインタロック　　系統切換や運用に関するもので，代表的なものに商用電源-非常用発電機電源間のインタロックがある．

(2) 断路器のインタロック　　断路器は電路の開閉を目的としており，負荷電流の開閉機能は有していない．したがって，負荷電流を開閉しないよう遮断器などの他の開閉器が開で，断路器には負荷電流が流れていないときのみ開閉が可能とするようインタロックを施す．

(d) 自動制御

　自動制御は現場機器側で行う場合と中央監視装置側で行う場合がある．自動制御対象機器・装置が多い場合は中央監視装置側で行うのが一般的である．現場機器側で行う場合は対象機器・装置が少ない場合が多い．

(e) 展開接続図の種類

　展開接続図には電気的動作要素を主体としたEWD（Elementary Wiring Diagram），機器間の接続ケーブルを主体としたCWD（Control Wiring Diagram），

そしてこれらを組み合わせた ECWD（Elementary Control Wiring Diagram）の手法がある．これら展開図の特徴を表 3・3 に示す．

表 3・3　展開接続図の種類

展開接続図の種類	特　徴
EWD 方式 （Elementary Wiring Diagram）	・電気的動作要素を主体とした表現のため理解が容易 ・単独機器など外部との関わりが少ない場合に適する
CWD 方式 （Control Wiring Diagram）	・機器を取付け場所ごとにまとめて表示するため，取付け場所が明確 ・機器相互間のケーブルが明確 ・ケーブル計画，手配が容易 ・ケーブル配線チェックが容易
ECWD 方式 （Elementary Control Wiring Diagram）	・動作順序に従って平面的に記入するため，動作順序・制御方法などが容易に理解可能 ・ケーブルリストの記入により各機器相互間のケーブルとロケーションの把握が容易 ・試験，保守などにおいて現物との対比が容易

3-3　施　工　図

施工図は現場施工を目的とした製作図である．電気室内には建築のほかに空調・衛生・消火などの施工もあり，これら他設備工程に合わせ，計画的な受電設備用施工図の作成が必要となる．このため前もって施工計画書の作成や，共通事項を施工要領書などにまとめておくことも大事である．表 3・4 に施工図の種類を示す．

1　機器配置図

配置図は設備機器などの据付位置の詳細な情報を示す図面である．したがって建築工事，空調・衛生工事などとの取合いに関連するため計画的に決定する必要がある．

2　基礎図

基礎図は構造物などの基礎を示す図面である．機器据付に際し，移動・転倒が

3章　接続図と施工図

■ 表3・4　施工図の種類 ■

	施工図の種類	内　容
施工図	機器配置図	設備機器の据付位置を示す図面
	基礎図	構造物の基礎を示す図面
	ピット図	ケーブル配線用として床下に設けられた配線路を示す図面
	ケーブルラック図	ケーブル配線用として機器上部に設けられた配線路を示す図面
	配線図	機器や装置における配線の実態を示す系統図

ないよう堅固な基礎が必要である．

　変圧器など重量物を設置する場合はあらかじめ，強度計算を行っておく．ビームなどを入れることも検討する．

3　ピット図

　ピット図はケーブル配線用として床下（地中）に設けられた配線路を示す図面である．図3・8にピット図例を示す．

(1) ピット内では電源ケーブルからの誘導障害を避けるため電源ケーブルと制御ケーブルが混在しないよう各々専用に設けることが望ましい．同一ピット内に収納する場合はセパレータなどで分離する．

(2) ピットの深さ・幅は敷設ケーブルの曲げ半径，将来計画を考慮する．ピットが設置できない部分は金属配管を用いて配線を行う．ダクトやピットからの分岐配線などに用いられる．

4　ケーブルラック図

　ケーブルラック図は，ケーブル配線用として，主に機器上部に設けられた配線路を示す図面である．ケーブルの用途や種別により，同一ルートにおいても上，下でケーブルラックを分離するなどの配慮が必要である．また，機器上部の空間は，空調・衛生関連設備が設置されるため，計画的な設計が必要である．

5　配線図

　機器や装置における配線の実態を示す系統図で，機器や装置の形，大きさ，位置などを考慮して図示したものである．配線図には受電点引込部を示す引込配線

3-3 施 工 図

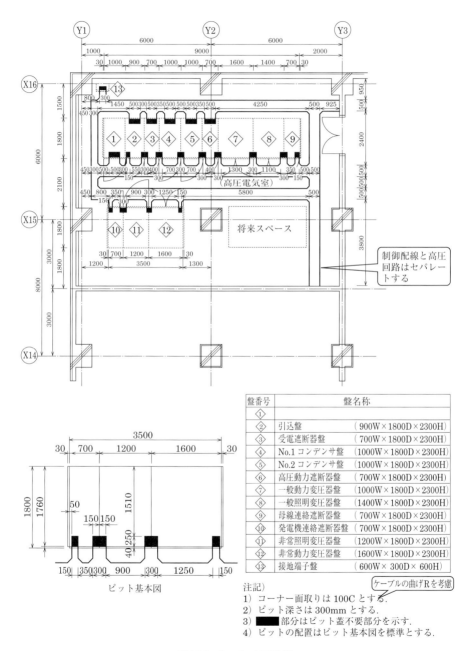

図 3・8 ピット図例

図，主回路を表す主回路配線図，制御線を表す制御線配線図，接地線を表す接地線配線図などがある．

機器間のケーブル端子記号とケーブル番号を明記し，確実に配線を行えるようにする．

3-4 接続図のための各種記号・番号

接続図を書き，読むためには種々の記号・シンボルが必要となってくる．JIS，JEM でこれらを規定している．高圧受変電設備にかかわりのあるシンボル・文字記号を以下に記す．

1 シンボル（図記号）

シンボル（図記号）は機器を図形化して表したものであり，IEC 60617 の完全翻訳版として発行された JIS C 0617「電気用図記号」で規定されている．この規格は JIS の国際整合化を図ったものである．**表3・5**にシンボル（図記号）を示す．

3-4 接続図のための各種記号・番号

■ 表3・5 シンボル（図記号）(1) ■

名 称	シンボル（図記号）(JIS C 0617)	説　　明	名 称	シンボル（図記号）(JIS C 0617)	説　　明
真空コンタクト電磁接触器		電磁接触器の主メーク接点（接点は，休止状態で開いている）	変圧器	様式1 Form 1 様式2 Form 2	星形三角結線の単相変圧器の三相バンク
遮断器(一般) 真空遮断器 気中遮断器 ガス遮断器 配線用遮断器		参考：JIS 旧図記号		様式1 Form 1 様式2 Form 2	負荷時タップ切換装置付き星形三角結線の三相変圧器
断路器		参考：JIS 旧図記号		様式1 Form 1 様式2 Form 2	2巻線変圧器
		参考：JIS 旧図記号		様式1 Form 1 様式2 Form 2	3巻線変圧器
負荷開閉器		参考：JIS 旧図記号		様式1 Form 1 様式2 Form 2	単巻変圧器
ヒューズ		一般記号		様式1 Form 1 様式2 Form 2	遮へい付き2巻線単相変圧器
		機械式リンク機構の備わったヒューズ		様式1 Form 1 様式2 Form 2	中間点引出単相変圧器
		別個の警報回路が備わったヒューズ		様式1 Form 1 様式2 Form 2	計器用変圧器
		ヒューズ付き開閉器 参考：JIS 旧図記号			
		ヒューズ付き断路器 参考：JIS 旧図記号			
		ヒューズ付き負荷開閉器（負荷遮断用ヒューズ付き開閉器） 参考：JIS 旧図記号			
避雷器		避雷器			
変圧器	様式1 Form 1 様式2 Form 2	星形三角結線の三相変圧器（スターデルタ結線）			
	様式1 Form 1 様式2 Form 2	星形三角結線の4タイプ付き三相変圧器 各1次巻線に，巻線の終端に加え，利用可能な4か所の接続点がある場合			

表3・5 シンボル（図記号）(2)

名称	シンボル（図記号）(JIS C 0617)	説明
変圧器		接地形計器用変圧器（JIS C 0617 にはなし）
零相計器用変圧器		高圧受電設備規程より（JIS C 0617 にはなし）
変流器	様式1 Form 1	各々の鉄心に2個の二次巻線がある鉄心を2個使用する計器用変流器 一次回路の各端に示す端子記号は，1台の機器が接続されることを意味している．端子の名称を利用している場合は，端子記号を省略できる．様式2では，鉄心記号を省略できる．
	様式2 Form 2	
		1個の鉄心に2個の二次巻線がある計器用変流器 様式2では，鉄心記号を描かなければならない．
	様式1 Form 1	二次巻線に1個のタップをもつ計器用変流器
	様式2 Form 2	
零相変流器	様式1 Form 1	3本の一次導体をまとめて通したパルス変成器または計器用変流器
	様式2 Form 2	
電力用コンデンサ		1. 単線図の図面上で接続されていないときは，次の例にならいその線を省いてもよい． 2. 複線図用は，△結線の例を示す． 3. 簡便に表示する場合は，次の図記号を用いてもよい．
直列リアクトル		チョークリアクトル

名称	シンボル（図記号）(JIS C 0617)	説明
保護継電器	$I>$	過電流継電器
	$I<$	不足電流継電器
	$U>$	過電圧継電器
	$U<$	不足電圧継電器
	$I \overset{=}{>}$	地絡過電流継電器
	$U \overset{=}{>}$	地絡過電圧継電器
	$I \overset{=}{\rightarrow}$	地絡方向継電器
	$f>$	周波数上昇継電器
	$f<$	周波数低下継電器
	Φ	位相比較継電器
	$P \leftarrow$	逆電力継電器
	$Q>$	無効電力継電器
	$P>$	電力継電器
	$P<$	不足電力継電器
	$I \overset{\rightarrow}{\geq}$	短絡方向継電器
計器	A	電流計
	V	電圧計
	var	無効電力計
	$\cos\phi$	力率計
	Hz	周波数計
計量装置	Wh	電力量計
	Wh	1方向にだけ流れるエネルギーを測定する電力量計
	Wh	母線から流出するエネルギーを測定する電力量計
	Wh	母線から流入するエネルギーを測定する電力量計

3-4 接続図のための各種記号・番号

表3・5 シンボル（図記号）(3)

名 称	シンボル（図記号）(JIS C 0617)	説 明
計量装置	Wh	母線から流れる（母線へ流入，または母線から流出する）エネルギーを測定する電力量計
	varh	無効電力量計
表示灯	⊗	ランプ（一般図記号） 信号ランプ（一般図記号） ランプの色を表示する必要がある場合，次の符号をこの図記号の近くに表示する． RL＝赤　　WL＝白 YL＝黄 GL＝緑
ベル・ブザー		ベル
		ブザー
変換装置		一般図記号（変換器）
		直流-直流変換装置（DC-DC コンバータ）
		整流器（順変換装置）
		全波接続（ブリッジ接続）の整流器
		インバータ（逆変換装置）
限定図記号	d	接点機能
	×	遮断機能
	－	断路機能
	○	負荷開閉機能
	■	継電器または開放機構を備えた自動引外し機能
接 点		メーク接点
	様式1 Form 1	この図記号は，スイッチを表す一般図記号として使用してもよい． 参考：JIS 旧図記号 旧図記号を用いた電気回路図を読むときの参考として対応する旧 JIS C 0301 系列の2の図記号を示す． 様式1　　様式2
	様式2 Form 2	

名 称	シンボル（図記号）(JISC 0617)	説 明
接 点		ブレーク接点 参考：JIS 旧図記号
		非オーバラップ切換え接点 参考：JIS 旧図記号
		中間オフ位置付き切換え接点 参考：JIS 旧図記号
	様式1 Form 1 様式2 Form 2	オーバラップ切換え接点 参考：JIS 旧図記号
		参考：JIS 旧図記号
		自動復帰しないメーク接点 残留機能付きメーク接点
		自動復帰するブレーク接点 参考：JIS 旧図記号
		中央にオフ位置が設けられていて，一方の位置(左側)から自動復帰し，反対の位置からは自動復帰しない双方向接点
継電器コイル	様式1 Form 1 様式2 Form 2	一般図記号 複巻線をもつ作動装置は，それに相当する数の斜線を輪郭の中に引いて表示してもよい 参考：JIS 旧図記号

表 3・5 シンボル（図記号）(4)

名　称	シンボル（図記号）(JIS C 0617)	説　明	名　称	シンボル（図記号）(JIS C 0617)	説　明
スイッチ		一般図記号 参考：JIS 旧図記号	リミットスイッチ		メーク接点のリミットスイッチ 参考：JIS 旧図記号
		押しボタンスイッチ （自動復帰メーク接点） 参考：JIS 旧図記号			ブレーク接点のリミットスイッチ 参考：JIS 旧図記号
		引きボタンスイッチ （自動復帰メーク接点）			機械的に連結される個別のメーク接点とブレーク接点をもったリミットスイッチ

2　文字記号

　文字記号は機器の略称を文字記号として規定し，シンボルにこの文字記号を併記することで接続図の読み，書きを容易にしている．

　表 3・6 に文字記号を示す．

3-4 接続図のための各種記号・番号

■ 表3・6 文字記号（1）■

機器分類	文字記号	用語	文字記号に対応する外国語
変圧器・計器用変成器類	T	変圧器	Transformers
	VCT	電力需給用計器用変成器	Instrument Transformers for Metering Service
	VT	計器用変圧器	Voltage Transformers
	CT	変流器	Current Transformers
	ZCT	零相変流器	Zero-Phase-sequence Current Transformers
	EVT	接地形計器用変圧器	Earthed Voltage Transformers
	ZPD	零相基準入力装置	Zero-phase Potential Device
	SC	進相コンデンサ	Static Capacitor
	SR	直列リアクトル	Series Reactor
開閉器・遮断器類	S	開閉器	Switches
	VS	真空開閉器	Vacuum Switches
	AS	気中開閉器	Air Switches
	LBS	負荷開閉器	Load Break Switches
		引外し形高圧交流負荷開閉器	Load Break Switches with Tripping Device
	G付PAS	地絡継電装置付高圧交流負荷開閉器	Pole Air Switches with Ground Relay
	CB	遮断器	Circuit Breakers
	VCB	真空遮断器	Vacuum Circuit Breakers
	PC	高圧カットアウト	Primary Cutout Switches
	F	ヒューズ	Fuses
	PF	電力ヒューズ	Power Fuses
	DS	断路器	Disconnecting Switches
	ELCB	漏電遮断器	Earth Limited Circuit Breakers
	MCCB	配線用遮断器	Molded-Case Circuit Breakers
	MC	電磁接触器	Electromagnetic Contactor
	VMC	真空電磁接触器	Vacuum Electromagnetic Contactor
計器類	A	電流計	Ammeters
	V	電圧計	Voltmeters
	WH	電力量計	Watt-hour Meters
	VAR	無効電力計	Var Meters
	MDW	最大需要電力計	Maximum Demand Watt Meters
	PF	力率計	Power-Factor Meters

125

■ 表 3・6　文字記号（2） ■

機器分類	文字記号	用語	文字記号に対応する外国語
計器類	F	周波数計	Frequency Meters
	AS	電流計切換スイッチ	Ammeter Change-over Switches
	VS	電圧計切換スイッチ	Voltmeter Change-over Switches
継電器類	OCR	過電流継電器	Overcurrent Relays
	GR	地絡継電器	Ground Relays
	DGR	地絡方向継電器	Directional Ground Relays
	UVR	不足電圧継電器	Undervoltage Relays
	OVR	過電圧継電器	Overvoltage Relays
	DSR	短絡方向継電器	Phase Directional Relay
	OVGR	地絡過電圧継電器	Ground Overvoltage Relay
	RPR	逆電力継電器	Reverse Power Relay
	UFR	周波数低下継電器	Underfrequency Relay
	UPR	不足電力継電器	Underpower Relay
電線類	OC	屋外用架橋ポリエチレン絶縁電線	Crosslinked Polyethylene Insulated Outdoor Wires
	OE	屋外用ポリエチレン絶縁電線	Polyethylene Insulated Outdoor Wires
	PD	高圧引下用絶縁電線	High-Voltage Drop Wires for Pole Transformers
	KIP	高圧機器内配線用電線（EPゴム電線）	Ethylene Propylene Rubber Insulated Wires For Cubicle Type Unit Substation For 6.6 kV Receiving
	KIC	高圧機器内配線用電線（架橋ポリエチレン絶縁電線）	Crosslinked Polyethylene Insulated Wires For Cubicle Type Unit Substation For 6.6 kV Receiving
	IV	600 V ビニル絶縁電線	600 V Grade Polyvinyl Chloride Insulated Wires
	HIV	600 V 2種ビニル絶縁電線	600 V Grade Heat-Resistant Polyvinyl Chloride Insulated Wires
	EM-IE	耐燃性ポリエチレン絶縁電線（エコ電線）	600 V Grade Flame Retardant Polyethylene Insulated Wires
ケーブル類	CV	高圧架橋ポリエチレン絶縁ビニルシースケーブル	High-Voltage Crosslinked Polyethylene Insulated Polyvinyl Chloride Sheathed Cables
	CVT	トリプレックス形高圧架橋ポリエチレン絶縁ビニルシースケーブル	High-Voltage Triplex type Crosslinked Polyethylene Insulated Polyvinyl Chloride Sheathed Cables
	EM-CE	高圧架橋ポリエチレン絶縁耐燃性ポリエチレンシースケーブル（エコケーブル）	High-Voltage Cross-linked Polyethylene Insulated Flame Retardant Polyethylene Sheathed Cables

3-4 接続図のための各種記号・番号

■ 表3・6 文字記号（3）■

機器分類	文字記号	用語	文字記号に対応する外国語
ケーブル類	CE	高圧架橋ポリエチレン絶縁ポリエチレンシースケーブル	High-Voltage Crosslinked Polyethylene Insulated Polyvinyl Sheathed Cables
	VV	600 V ビニル絶縁ビニルシースケーブル	600 V Grade Polyvinyl Chloride Insulated Polyvinyl Chloride Sheathed Cables
	FP	高圧耐火ケーブル	High-Voltage Fire-resistant Cables
その他	LA	避雷器	Lightning Arresters
	M	電動機	Motors
	G	発電機	Generators
	CH	ケーブルヘッド	Cable Heads
	TC	引外しコイル	Trip Coils
	TT	試験端子	Testing Terminals
	E	接地	Earthing
	ET	接地端子	Earth Terminals
	THR	サーマルリレー	Thermal Relays
	BS	ボタンスイッチ	Button Switches
	PL	パイロットランプ	Pilot Lamps

3 器具番号

　各機器には図記号（シンボル），文字記号の他に器具番号が規定されている．これらは1～99までの数字とアルファベットによる補助記号から成り立っている．

　受電用遮断器は一般に52Rと呼称される．数字の52は交流遮断器を示し，アルファベットのRは受電（Receiving）を示す補助記号である．したがって，52Rは受電用遮断器と判別できる．このように器具番号は，シンボル（図記号）や文字記号が記載されていなくとも器具番号で機器を特定できるようになっている．この器具番号のことをデバイスナンバーと呼ぶこともある．

　これら器具番号はJEMにより規定されており，下記種類がある．

JEM 1090：「制御器具番号」
JEM 1093：「交流変電所用制御器具番号」
JEM 1115：「配電盤・制御盤・制御装置の用語および文字記号」

　JEM 1090では全体共通事項として基本器具番号，その構成および補助記号などを規定している．**表3・7**にJEM 1090「制御器具番号」で規定されている基本器具番号を，**表3・8**に補助記号を示す．

127

3章 接続図と施工図

■ 表3・7 基本器具番号（1）■

基本器具番号	器具名称	説　明
1	主幹制御器またはスイッチ	主要機器の始動・停止を開始する器具
2	始動もしくは閉路限時継電器または始動もしくは閉路遅延継電器	始動もしくは閉路開始前の時刻設定を行う継電器または始動もしくは閉路開始前に時間の余裕を与える継電器
3	操作スイッチ	機器を操作するスイッチ
4	主制御回路用制御器または継電器	主制御回路の開閉を行う器具
5	停止スイッチまたは継電器	機器を停止する器具
6	始動遮断器，スイッチ，接触器または継電器	機械をその始動回路に接続する器具
7	調整スイッチ	機器を調整するスイッチ
8	制御電源スイッチ	制御電源を開閉するスイッチ
9	界磁転極スイッチ，接触器または継電器	界磁電流の方向を反対にする器具
10	順序スイッチまたはプログラム制御器	機器の始動または停止の順序を定める器具
11	試験スイッチまたは継電器	機器の動作を試験する器具
12	加速度スイッチまたは継電器	加速度で動作する器具
13	同期速度スイッチまたは継電器	同期速度または同期速度付近で動作する器具
14	低速度スイッチまたは継電器	低速度で動作する器具
15	速度調整装置	回転機の速度を調整する装置
16	表示線監視継電器	表示線の故障を検出する継電器
17	表示線継電器	表示線継電方式に使用することを目的とする継電器
18	加速もしくは減速接触器または加速もしくは減速継電器	加速または減速が予定値になったとき，次の段階に進める器具
19	始動－運転切換接触器または継電器	機器を始動から運転に切り換える器具
20	補機弁	補機の主要弁
21	主機弁	主機の主要弁
22	漏電遮断器，接触器または継電器	漏電が生じたとき動作または交流回路を遮断する器具
23	温度調整装置または継電器	温度を一定の範囲に保つ器具
24	タップ切換装置	電気機器のタップを切り換える装置
25	同期検出装置	交流回路の同期を検出する装置
26	静止器温度スイッチまたは継電器	変圧器，整流器などの温度が予定値以上または以下になったとき動作する器具
27	交流不足電圧継電器	交流電圧が不足したとき動作する継電器

表3・7 基本器具番号（2）

基本器具番号	器具名称	説明
28	警報装置	警報を出すとき動作する装置
29	消火装置	消火を目的として動作する装置
30	機器の状態または故障表示装置	機器の動作状態または故障を表示する装置
31	界磁変更遮断器，スイッチ，接触器または継電器	界磁回路及び励磁の大きさを変更する器具
32	直流逆流継電器	直流が逆に流れたとき動作する継電器
33	位置検出スイッチまたは装置	位置と関連して開閉する器具
34	電動順序制御器	始動または停止動作中主要装置の動作順序を定める制御器
35	ブラシ操作装置またはスリップリング短絡装置	ブラシを昇降もしくは移動する装置またはスリップリングを短絡する装置
36	極性継電器	極性によって動作する継電器
37	不足電流継電器	電流が不足したとき動作する継電器
38	軸受温度スイッチまたは継電器	軸受の温度が予定値以上または予定値以下となったとき動作する器具
39	機械的異常監視装置または検出スイッチ	機器の機械的異常を監視または検出する器具
40	界磁電流継電器または界磁喪失継電器	界磁電流の有無によって動作する継電器または界磁喪失を検出する継電器
41	界磁遮断器，スイッチまたは接触器	機械に励磁を与えまたはこれを除く器具
42	運転遮断器，スイッチまたは接触器	機械をその運転回路に接続する器具
43	制御回路切換スイッチ，接触器または継電器	自動から手動に移すなどのように制御回路を切り換える器具
44	距離継電器	短絡または地絡故障点までの距離によって動作する継電器
45	直流過電圧継電器	直流の過電圧で動作する継電器
46	逆相または相不平衡電流継電器	逆相または相不平衡電流で動作する継電器
47	欠相または逆相電圧継電器	欠相または逆相電圧のとき動作する継電器
48	渋滞検出継電器	予定の時間以内に所定の動作が行われないとき動作する継電器
49	回転機温度スイッチもしくは継電器または過負荷継電器	回転機の温度が予定値以上もしくは以下となったとき動作する器具または機器が過負荷となったとき動作する器具
50	短絡選択継電器または地絡選択継電器	短絡または地絡回路を選択する継電器
51	交流過電流継電器または地絡過電流継電器	交流の過電流または地絡過電流で動作する継電器

表3・7 基本器具番号 (3)

基本器具番号	器具名称	説　明
52	交流遮断器または接触器	交流回路を遮断・開閉する器具
53	励磁継電器または励弧継電器	励磁または励弧の予定状態で動作する継電器
54	高速度遮断器	直流回路を高速度で遮断する器具
55	自動力率調整器または力率継電器	力率をある範囲に調整する調整器または予定力率で動作する継電器
56	すべり検出器または脱調継電器	予定のすべりで動作する検出器または同期外れを検出する継電器
57	自動電流調整器または電流継電器	電流をある範囲に調整する調整器または予定電流で動作する継電器
58	(予備番号)	—
59	交流過電圧継電器	交流の過電圧で動作する継電器
60	自動電圧平衡調整器または電圧平衡継電器	2回路の電圧差をある範囲に保つ調整器または予定電圧差で動作する継電器
61	自動電流平衡調整器または電流平衡継電器	2回路の電流差をある範囲に保つ調整器または予定電流差で動作する継電器
62	停止もしくは開路限時継電器または停止もしくは開路遅延継電器	停止もしくは開路前の時刻設定を行う継電器または停止もしくは開路前に時間の余裕を与える継電器
63	圧力スイッチまたは継電器	予定の圧力で動作する器具
64	地絡過電圧継電器	地絡を電圧によって検出する継電器
65	調速装置	原動機の速度を調整する装置
66	断続継電器	予定の周期で接点を反復開閉する継電器
67	交流電力方向継電器または地絡方向継電器	交流回路の電力方向または地絡方向によって動作する継電器
68	混入検出器	流体の中にほかの物質が混入したことを検出する器具
69	流量スイッチまたは継電器	流体の流れによって動作する器具
70	加減抵抗器	加減する抵抗器
71	整流素子故障検出装置	整流素子の故障を検出する装置
72	直流遮断器または接触器	直流回路を遮断・開閉する器具
73	短絡用遮断器または接触器	電流制限抵抗・振動防止抵抗などを短絡する器具
74	調整弁	流体の流量を調整する弁
75	制動装置	機械を制動する装置
76	直流過電流継電器	直流の過電流で動作する継電器

3-4 接続図のための各種記号・番号

表3・7 基本器具番号 (4)

基本器具番号	器具名称	説明
77	負荷調整装置	負荷を調整する装置
78	搬送保護位相比較継電器	被保護区間各端子の電流の位相差を搬送波によって比較する継電器
79	交流再閉路継電器	交流回路の再閉路を制御する継電器
80	直流不足電圧継電器	直流電圧が不足したとき動作する継電器
81	調速機駆動装置	調速機を駆動する装置
82	直流再閉路継電器	直流回路の再閉路を制御する継電器
83	選択スイッチ,接触器または継電器	ある電源を選択またはある装置の状態を選択する器具
84	電圧継電器	直流または交流回路の予定電圧で動作する継電器
85	信号継電器	送信または受信継電器
86	ロックアウト継電器	異常が起こったとき装置の応動を阻止する継電器
87	差動継電器	短絡または地絡差電流によって動作する継電器
88	補機用遮断器,スイッチ,接触器または継電器	補機の運転用遮断器,スイッチ,接触器または継電器
89	断路器または負荷開閉器	直流もしくは交流回路用断路器または負荷開閉器
90	自動電圧調整器または自動電圧調整継電器	電圧をある範囲に調整する器具
91	自動電力調整器または電力継電器	電力をある範囲に調整する器具または予定電力で動作する継電器
92	扉またはダンパ	出入口扉または風洞扉など
93	(予備番号)	——
94	引外し自由接触器または継電器	閉路操作中でも引外し装置の動作は自由にできる器具
95	自動周波数調整器または周波数継電器	周波数をある範囲に調整する器具または予定周波数で動作する継電器
96	静止器内部故障検出装置	静止器の内部故障を検出する装置
97	ランナ	カプラン水車のランナなど
98	連結装置	二つの装置を連結し動力を伝達する装置
99	自動記録装置	自動オシログラフ,自動動作記録装置,自動故障記録装置

表3・8 補助記号（1）

補助記号	内容	外国語
A	交流	Alternating current
	自動	Automatic
	空気	Air
	空気圧縮機	Air compressor
	空気冷却機	Air cooler
	空気圧	Air pressure
	風	Air flow
	増幅	Amplification
	電流	Ampere
	アナログ	Analogue
B	断線	Breaking of wire
	側路	Bypass
	ベル	Bell
	電池	Battery
	母線	Bus
	制動	Braking
	軸受	Bearing
	遮断	Break
	ブロック	Block
C	共通	Common
	冷却	Cooling
	搬送	Carrier
	調相機	Rotary condenser
	投入	Closing
	補償	Compensation
	制御	Control
	閉	Close
	コンデンサ	Capacitor,（Condenser）
CA	電流補償	Current compensation
CH	充電	Charge
	線路充電	Line charge
CO_2	炭酸ガス	Carbon-dioxide gas

表3・8 補助記号（2）

補助記号	内容	外国語
CPU	中央処理装置	Central processing unit
D	直流	Direct current
	直接	Direct
	ダイヤル	Dial
	差動	Differential
	ディジタル	Digital
	方向	Directional
E	非常	Emergency
	励磁	Excitation
F	火災	Fire
	故障	Fault
	ヒューズ	Fuse
	周波数	Frequency
	ファン	Fan
	フィーダ	Feeder
	フリッカ	Flasher, Flashing
	正	Forward
FL	フィルタ	Filter
G	グリス	Grease
	地絡（グランド）	Ground fault
	ガス	Gas
	発電機	Generator
H	高	High
	所内	House, Station service
	ヒータ	Heater
	保持	Hold
I	内部	Internal
	初期	Initial
IL	インタロック	Interlock, Interlocking
IR	誘導電圧調整器	Induction voltage regulator
INV	逆変換器（インバータ）	Inverter
J	結合	Joint
	ジェット	Jet

表3・8 補助記号（3）

補助記号	内　容	外国語
K	三次	Tertiary
	ケーシング	Casing
L	ランプ	Lamp, Light
	漏れ	Leakage, Leak
	下げ，減	Lower, Decrease
	ロックアウト	Lock-out, Lock
	低	Low
	線路	Line
	負荷	Load
	左	Left
LA	避雷器	Lightning arrester
LD	進み	Leading
LG	遅れ	Lagging
LR	負荷時電圧調整器	On-load voltage regulator
M	計器	Meter
	主	Master, Main
	モー素子	Mho element
	動力	Motive power, Motive force
	電動機	Motor
	手動	Manual
N	窒素	Nitrogen
	中性	Neutral
	負極	Negative
O	オーム素子	Ohm element
	外部	External（Outer）
	開	Open
	操作	Operation
P	プログラム	Program
	ポンプ	Pump
	一次	Primary
	正極	Positive
	電力，出力，負荷，潮流	Power, Power flow
	圧力	Pressure

3-4 接続図のための各種記号・番号

■ 表3・8 補助記号（4）■

補助記号	内　容	外国語
P	並列	Parallel
	パルス	Pulse
PC （PLC）	消弧リアクトル	Petersen coil
	プログラマブルコントローラ	Programmable controller
PW	パイロット線	Pilot wire
Q	油	Oil
	油圧	Oil pressure
	油面	Oil level
	油流	Oil flow
	圧油装置	Pressure oil equipment
	圧油ポンプ	Pressure oil pump
	無効電力	Reactive power
R	復帰	Reset
	上げ，増	Raise, Increase
	調整	Regulating
	遠方	Remote
	受電	Receiving
	回転子	Rotor
	リアクトル	Reactor
	受信	Receiving
	抵抗	Resistor
	逆	Reverse
	継電器	Relay
	室内	Room
	整流器	Rectifier
	右	Right
S	ストレーナ	Strainer
	ソレノイド	Solenoid
	動作	Status, Operating, Sequence
	同期	Synchronism, Synchronizing
	短絡	Short-circuit
	二次	Secondary
	速度	Speed

135

3章 接続図と施工図

■ 表3・8 補助記号（5）■

補助記号	内　容	外国語
S	副	Sub
	送信	Sending
	固定子	Stator
	単独	Single
	選択	Selective
	すべり	Slip
	シール	Seal
	予備（スペア）	Spare
	始動	Starting
SH	スペースヒータ	Space heater
SU	始動素子	Starting unit
T	変圧器	Transformer
	温度	Temperature
	限時	Time-lag
	遅延	Time-delay
	引外し	Tripping, Trip release
	タービン	Turbine
	連結	Tie
	トルク	Torque
U	使用	Use
UPS	無停電電源装置	Uninterruptible power systems
V	電圧	Voltage
	真空	Vacuum
	弁	Valve
VIB	振動	Vibration
W	水	Water
	水位	Water level
	水流	Water flow
	水圧	Water pressure
	給水	Water feeding
	排水	Water drain
WC	冷却水	Cooling water
	冷却水ポンプ	Cooling water pump

■ 表3・8 補助記号（6）■

補助記号	内容	外国語
Z	ブザー	Buzzer
	インピーダンス	Impedance
A, B, C X, Y, Z	補助（識別用）	—
ϕ	相	Phase

器具番号の構成

a) [基本器具番号]　　　　　　　　　例 22（漏電継電器）

b) [基本器具番号][補助記号]　　　　例 88 A（空気圧縮機用接触器）

c) [基本器具番号][基本器具番号]　　例 43-95（周波数継電器切換スイッチ）

d) [基本器具番号][基本器具番号][補助記号]　　例 3-52 G（発電機遮断器用操作スイッチ）

e) [基本器具番号][補助記号][補助記号]　　例 20 WC（冷却水弁）

※ [補助番号] をつける場合は，上記構成の末尾につける．
　例 20 WC 3（冷却水弁 3 号）

4章 保護方式と保護協調

　電力系統は，電力会社と需要家が一体で構成され，電力の発電と消費が同時という特徴がある．したがって，電気事故が発生すると，需要家側の保護動作によっては，電力系統全体に支障を及ぼしかねない．需要家側の保護は，波及事故防止はもとより構内の負荷設備機器や電源設備機器などへの被害の拡大防止や事故区間の極小化などにある．

　高圧受電設備における事故には，電圧異常，過負荷，短絡や地絡などさまざまであり，それぞれの事故様相に応じた保護方式や保護継電器の特徴を把握して保護協調を図れば，万一事故が発生してもその事故範囲を最小限とすることができる．

4-1 電源系統と保護について

1 電力会社配電系統と需要設備

　需要家で受電する電源は，図4・1に示す電力会社の変電所で分岐され，配電線を経て供給されている．一般的に，これらの配電線網に多くの需要家が接続されている．

　一方，需要家内でも，各種負荷設備が必要とする適切な電圧へ降圧，配電している．このように電源系統は，電力会社と需要家が一体となり構成され，電力の発電と消費が同時であるという特徴がある．

　電源系統における事故も同様で，図4・1に示すXビルA点で短絡事故が発生したとすると，直近上位の保護装置OC_1で事故電流を検出し，CB_1で遮断されれば，事故発生区間のみ系統から除去されることになる．しかし，保護装置OC_2で検出し，CB_2で遮断されると，Xビル全体が電源系統から除去されることにな

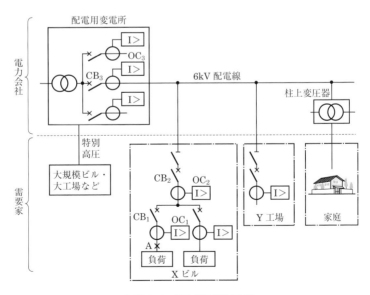

図4・1　電力供給概念図

4-1 電源系統と保護について

る．すなわち，Xビル全体が停電することになる．さらに，保護装置 OC_1，OC_2 で保護できず，電力会社の保護装置 OC_3 で検出し，CB_3 で遮断されたとすると，その 6 kV 配電線全体が停電となり，接続している Y 工場や一般家庭まで含めて停電となる．このように，一需要家の事故が起因となって電力会社の送電を停止させることを**波及事故**という．

自家用受電設備は，電気設備技術基準（以下，電技という）第 14 条で「過電流からの電線および電気機械器具の保護対策」として，『電路の必要な箇所に過電流保護を目的として，過電流遮断器の施設』，電技第 15 条で「地絡に対する保護対策」として，『電路の地絡保護を目的として，地絡遮断器の施設その他の適切な措置』を規定している．また，第 18 条では「電気設備による供給支障の防止」として，『高圧または特別高圧の電気設備の波及事故防止』を規定している．さらに，高圧受電設備規程（JEAC 8011）第 2 編「保護協調，絶縁協調」では，『電気事業者と需要家間の過電流保護協調，地絡保護協調』が規定されている．

2　高圧自家用工作物の事故について

経済産業省，電力安全課の平成 24 年度電気保安統計によると，平成 24 年度の電気事業者および自家用電気工作物設置者の電気事故総件数は 15 679 件あり，このうち自家用電気工作物設置者による事故は 681 件であった．また，電気事業者の事故件数 14 998 件のうち，自家用電気工作物設置者からの波及事故件数が 497 件，高圧架空配電線路における事故で 13 590 件あったと報告されている．自家用電気工作物設置者の事故 681 件のうち，大勢を占めるのは需要設備による事故で，515 件に及んでいる．これらの事故報告からもわかるように，高圧架空配電線路の事故が大勢を占めていることがわかるが，自家用電気工作物設置者の事故により電気事業者に及んだ波及事故も数多く発生していることがわかる．

電気事業者および自家用工作物設置者の事故で，双方に影響が及ぶことがないよう，需要家として電力会社系統と保護協調を検討することが重要である．

141

4-2 保護の基本的な考え方

1 需要家設備における保護対象

　需要家設備における保護対象範囲は，図4・1に示すように，電力会社から電力の供給を受ける受電点を経由し，電力を消費する負荷設備までの電源供給ルートに設けられた装置や機器および負荷設備である．

　電源供給ルートに設置される主な装置や機器には，断路器や遮断器などの開閉装置，電路を構成するケーブル，バスダクト，導体およびそれらを収納する配電盤類，変圧器，コンデンサ，電動機類，自家用発電装置，無停電電源装置などがある．また，ビルや工場などで目的に応じて生産や居住環境に対する生産動力や空調，照明，給排水，通信など生産活動にとって不可欠な負荷設備などがある．

2 需要家設備における事故と保護継電器

　需要家設備で発生する主な事故や異常現象には，電圧低下，電圧上昇，過負荷，短絡や地絡などがある．これらの事故は，それぞれの事故様相に合わせて検出する装置（保護継電器）があり，必要とする箇所に設置し開閉装置との組合せで保護動作している．

　一般的に，高圧受電設備の事故に対応した主な検出装置には次のものがある．

　①電圧低下　　不足電圧継電器
　②電圧上昇　　過電圧継電器
　③過負荷　　過電流継電器，2E継電器，3E継電器，電力ヒューズ
　④短絡　　過電流継電器，電力ヒューズ
　⑤地絡　　地絡過電流継電器，地絡過電圧継電器，地絡方向継電器

3 保護の構成要素

　保護回路は，図4・2に示すとおり，検出部，判定部および動作部より構成されている．

　(1) 検出部　　計器用変圧器（VT）や計器用変流器（CT）などが用いられ，主

回路の電圧や電流を検出して，判定部に都合のよい値（一般的に 110 V，5 A 等）に変成する．

(2) 判定部　　保護継電器であり検出部からの電圧，電流などの信号を受けてその大きさ，時間的変化，相互の位相関係などを判定し，動作の必要性の有無と必要動作時間を決定して動作部に信号を出す．

(3) 動作部　　主に遮断器（CB）で，判定部の指令に応じて電路を遮断して，事故部分を回路より除去する．

なお，限流ヒューズや配線用遮断器などは，それ自体が検出部，判定部，動作部を兼ね備えたものといえる．

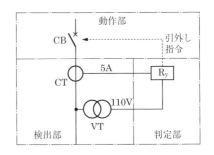

■ 図 4・2　保護回路の構成要素 ■

4-3　保護の目的と保護継電方式

1　保護継電方式の目的と特徴

電源系統における保護装置は，万一の事故に備えた装置である．その目的は，回路や機器に故障が発生した場合，事故点を速やかに検出し，除去することで，健全回路の不必要な停止を避け，機器の損傷や停電による損害を最小にするとともに，電力会社の配電線への波及事故防止にある．また，その目的から，簡素な方式で，信頼性の高いことおよび負荷特性を踏まえ，過渡時や通常運転時に誤動作しないことが重要である．

保護装置に要求される基本的な機能には，確実性，迅速性および選択性がある．
(1) 確実性　　保護対象の事故を確実に検出して除去する機能で，事故点の拡大，波及を防止する．
(2) 迅速性　　保護の対象をできるだけ早く検出し除去する機能である．一般的に電力事故は，時間の経過と共に拡大するため，迅速な応動が要求される．
(3) 選択性　　事故点を検出・除去する範囲を最小限とする機能である．保護対

象に対し，応動しなければならない範囲と応動してはならない範囲を区別する機能である．

2 主保護と後備保護

　一般に，保護継電システムは，事故時の誤不動作を防止するため，主保護と後備保護で構成されている．

　主保護は，保護の最前線であり系統区分ごとに設けられ，事故発生時に事故点に最も近くで，最も早く動作し，事故部分を最小限とする．後備保護は，主保護が誤不動作したときバックアップとして事故の波及および損害を最小限とする働きをする．高圧受電設備の過電流保護における主保護と後備保護の関係を**図 4・3**に示す．

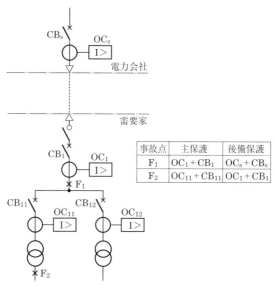

図 4・3　主保護と後備保護

3 段階時限による選択遮断方式

(a) 選択遮断方式の考え方

　高圧受電設備は，電力会社の配電系統を含めると，**図 4・4**(a) に示すように

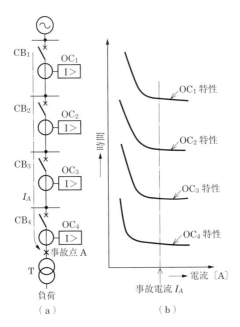

図 4・4　段階時限による選択遮断

何段階かの区分点を経て需要家に給電されている．

各区分点には，過電流継電器と遮断器が設けられ，この過電流継電器の動作時間を負荷側から電源側に向かって順次長くなるように整定する．これは，各区分点ごとに動作時間に差を設けることによる．したがって，事故が発生した場合は，事故点に最も近い過電流継電器が検出し，対応する遮断器を引き外すことになるので事故回路のみを遮断することが可能となる．すなわち，選択遮断されることになり，停電範囲を最小限とすることができる．

各区分点ごとに段階的に時間差を設けることから，段階時限による選択遮断方式といわれ，高圧需要家における過電流保護協調として一般的な方式となっている．

たとえば，図 4・4 (a) において，A 点で短絡事故が発生したとすると，A 点に向かって事故電流 I_A が流れる．すなわち，CB_1 から CB_4 の遮断装置に事故電流 I_A が流れるので，図 4・4 (b) のように保護継電器の時限を設定しておけば OC_4 のみが動作し，OC_1 から OC_3 は動作せず健全回路への給電が継続される．この

場合，OC_3 は，後備保護の役割を有し，OC_4 が誤不動作しなければ動作することはない．

(b) 継電器の動作時間

継電器の動作時間は，次の式で表される．

$$R_1 = R_2 + B_2 + O_1 + \alpha \tag{4・1}$$

ここで，R_1：上位側の継電器の動作時間，R_2：下位側の継電器の動作時間，B_2：下位側の遮断器の全遮断時間，O_1：上位側の継電器の慣性動作時間，α：余裕時間（継電器のばらつきなどを考慮した時間）

(c) 慣性動作

慣性動作とは，継電器の動作中に入力が不動作となるべき値に急変しても可動部の慣性または回路の応動遅れにより継電器が動作する現象である．慣性特性は，慣性によって動作しない限界を示すもので，JIS C 4602「高圧受電用過電流継電器」では慣性特性，JEC-2510「過電流継電器」では慣性動作と定義しており，**表4・1**に示す通電時間で動作してはならないと定めている．

■ 表4・1　過電流継電器の慣性特性（JIS C 4602）■

区　分	通電時間
誘導形	動作時間の60%
静止形	動作時間の90%

（注）限時要素を最小動作電流整定値とし，かつ，動作時間整定を10の目盛位置として，動作電流整定値の1 000%の電流を表4・1に示す時間通電したとき，過電流継電器の限時要素は動作してはならない

■ 表4・2　過電流継電器の慣性特性（JEC 2510）■

項　目		動作値負担	減じる値
誘導形	反限時 強反限時 超反限時	1 VA 以上	$0.15 \times T_{10}$ ただし最小は0.2秒
		1 VA 未満	$0.4 \times T_{10}$
静止形		—	$0.15 \times T_{10}$ ただし最小は0.2秒
静止形	定限時	—	$0.1 \times T_{10}$ ただし最小は0.2秒

（注）1．通電時間＝実測平均動作時間（3回）－表4・2に示す減じる値
　　　2．最小動作値整定・基準動作時間整定において，上記式で求める通電時間だけ公称動作値の1 000%の電流を通電したとき過電流継電器は動作してはならない
　　　3．T_{10} は公称動作値の1 000%入力を与えた時の公称動作時間

(d) 継電器間の時間差の考え方

協調をとるための継電器間に必要とする動作時間差（S_n）を過電流継電器を例として求める．

- 静止形過電流継電器の慣性動作時間（T_{OC}）：0.2 秒（最小値）
- 遮断器動作時間（T_{CB}）：0.1 秒（5 サイクル，50 Hz として）
- 余裕時間（α）：0.05 秒
- 保護継電器間の動作時間差：$S_n = T_{OC} + T_{CB} + \alpha$

$$S_n = 0.2 + 0.1 + 0.05 = 0.35 \text{ 秒}$$

計算上，必要な保護継電器間の動作時間差は，0.35 秒が求められるが，近年は，3 サイクル遮断器が採用されていること，過電流継電器は静止形の他，ディジタル形が採用されていることから，慣性動作時間は短くなっている．採用する過電流継電器の製造メーカに確認することにより，必要な時間差 S_n はさらに縮めることができる．

4-4　高圧受電設備における短絡保護協調検討手段

1　保護協調の検討手順

段階時限保護協調は，負荷電流から故障電流まですべての電流領域において，保護継電器動作特性間で十分な時間差を確保することが重要なポイントである．しかし，各回路に設置された過電流継電器の動作時間は，電流値によって異なるため，それぞれの電流領域における時間差の判定は困難である．したがって，同一グラフ上にそれぞれの電流と時間特性を記入し，保護継電器の動作特性時間差を確認することが必要となる．保護協調の検討は，おおむね図 4・5 に示す手順で進める．

2　データの収集

(a) 単線接続図など

検討対象設備の単線接続図を用いて，インピーダンスマップ作成のほか，検討対象となる機器，ケーブルなどを抽出する．また，必要に応じて配置図や配線図

4章　保護方式と保護協調

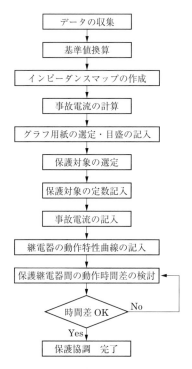

図4・5　保護協調検討フローチャート

を入手しておくとケーブル亘長やサイズなどの調査に都合がよい．

(b) 受電点の遮断電流

　電力会社配電系統の遮断電流やインピーダンス（抵抗，リアクタンス）およびその基準値などを収集する．また，保護協調の検討に必要となる電力会社配電用変電所の保護継電器の整定値も入手しておく．整定値は，電力会社配電用変電所の保護継電器の動作電流値と時間が示される．保護継電器の動作電流整定値と動作時間整定値は高圧受電設備規定では，表4・3に示すように整定例が示されているのでこれを目安とすればよい．

(c) 主要回路機器の定数

　主要回路機器整定数として，変圧器，ケーブルや電動機などのデータを収集する．

(1) 変圧器　　銘板や試験成績書より容量とインピーダンス（抵抗，リアクタン

148

4-4 高圧受電設備における短絡保護協調検討手段

表4・3 高圧受電設備の過電流継電器整定例

動作要素の組合せ	動作電流整定値	動作時間整定値
限時要素 ＋ 瞬時要素 （JIS C 4602）	限時要素：受電最大電力（契約電力）の110％～150％	電流整定値の2 000％入力時1秒以下
	瞬時要素：受電最大電力（契約電力）の500％～1 500％	瞬時

（注）電力会社との協議により，協調のとれる値に決定することが必要である．

ス）を調べる．また，励磁突入電流も入手する．励磁突入電流は，変圧器製造メーカに問い合わせ，入手することが良い．

① 励磁突入電流　変圧器に電源を投入すると，大きな励磁電流が流れることがある．これを励磁突入電流という．

この励磁突入電流は，変圧器の鉄心中の残留磁束や電源を投入したときの電圧位相によって大きく異なり，定格電流の数倍から数十倍の大きさになることがある．抵抗により，時間の経過とともに徐々に減衰し，最終的には励磁電流（定格電流）に落ち着くことになる．

図4・6に励磁突入電流波形を，表4・4に油入変圧器の励磁突入電流の一例を示す．

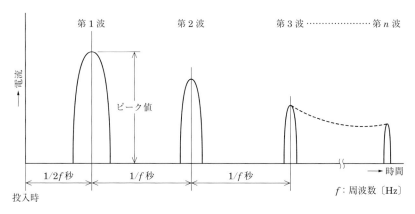

図4・6　励磁突入電流波形

■ 表 4・4　油入変圧器の励磁突入電流の一例 ■

定格事項		周波数（50 Hz）		周波数（60 Hz）	
相数	容量〔kVA〕	第1波突入電流ピーク値〔倍〕	0.1秒後の励磁突入電流実効値〔倍〕	第1波突入電流ピーク値〔倍〕	0.1秒後の励磁突入電流実効値〔倍〕
単相	10	40.74	16.64	38.88	14.75
	20	38.26	16.71	35.08	14.54
	30	26.27	12.11	23.58	10.40
	50	24.76	12.52	21.76	10.64
	75	24.46	13.18	18.06	9.36
	100	20.44	11.55	14.86	8.08
	150	22.37	13.41	19.26	11.21
	200	20.67	13.01	18.70	11.47
	300	19.09	12.70	14.76	9.52
	500	14.77	8.71	10.59	6.02
三相	20	19.96	8.11	18.05	6.82
	30	20.91	9.10	18.17	7.47
	50	17.26	7.90	14.35	6.26
	75	16.35	8.47	14.50	7.22
	100	16.22	8.61	14.24	7.28
	150	15.10	8.19	11.97	6.25
	200	11.73	7.15	9.28	5.48
	300	12.89	8.14	9.41	5.75
	500	9.90	6.50	7.00	4.42
	750	9.81	6.79	7.14	4.77
	1 000	9.78	6.85	6.96	4.69
	1 500	8.73	6.09	6.20	4.15
	2 000	8.98	6.47	6.39	4.43

（注）　表 4・4 はメーカカタログ値を引用（トップランナー 2014，油入変圧器）
（注）　1.　表 4・4 は次の最大条件で算出した計算値
　　　　　① 電圧 0 のときに遮断器を投入する
　　　　　② 鉄心中に常用磁束密度の 90％の残留磁束が存在する
　　　　　③ 残留磁束と印加される常用磁束の方向が同一である
　　　　　④ 電源側のインダクタンスと抵抗分を無視する
　　　2.　励磁突入電流の倍率は
　　　　　　（突入電流波高値）／（定格一次電流実効値×$\sqrt{2}$）

(2) ケーブルサイズやバスダクト　　定格を確認し，電線カタログなどからインピーダンス（抵抗，リアクタンス）を調べる．

(3) 電動機　　電動機の出力や始動特性，始動方式などのデータを収集する．電動機は，出力 kW で表示されているので，力率と効率データも合わせて入手する．入力容量は式 (4・2) で求める．

$$入力容量〔kVA〕 = \frac{出力〔kW〕}{力率 \times 効率} \tag{4・2}$$

力率と効率が不明な場合や電動機群の場合は，出力 kW を 1.5 倍した値を概略入力容量とする．大容量の電動機や始動時間が長い電動機は，電流と時間の始動時の特性カーブを準備しておくと，保護協調をより明確に検討することができる．

(d) 負荷運転特性

変圧器の定格電流など定常状態の運転パターンに合わせた負荷電流値で保護継電器を整定すると，電動機群の同時始動などで不要動作することがあるので，事前に負荷の運転状況を調査しておく．

3 基準値換算

(a) 基準値換算の考え方

受変電設備を構成する線路や機器などのインピーダンスは，それぞれの固有の値であり，回路電圧も多様である．これらを同一条件で検討するために基準値を設け，その基準値に対する換算が必要となる．

(b) 基準値への換算方法

基準値の換算方法には，百分率インピーダンス法（％インピーダンス法），単位法およびオーム法がある．それぞれの手法には特徴があるが，高圧需要家では，％インピーダンス法を使用することが多い．

一般的に，基準値は，設備規模により選定されるが，基準容量を 10 MVA または 1 000 kVA，基準電圧を 6.6 kV とすることが多い．

(1) ％インピーダンス法　ある基準値を設定し，各インピーダンスにその基準容量と回路電圧に相当する電流が流れたときの電圧降下を回路電圧％で表示する方式である．変圧器を含んだ回路のインピーダンスを計算するには便利である．

(2) 単位法　ある基準電圧，電流を 1.0 単位と定め，インピーダンスは基準電流通過時の電圧降下を基準相電圧と比較して表示する方式である．小数点を扱うことが多く，高圧受電設備ではあまり使用されていない．

(3) オーム法　電源から短絡点までのインピーダンスをすべてオーム値で表し，計算する方法である．電圧が異なる場合は，オーム値の換算が必要となる．

(c) 基準値換算式

%インピーダンス法における基準値換算式は，次のとおりである．

(1) 電源側インピーダンス

$$\%R_{bs} = \%R_s \times \frac{P_b}{P_s} \ [\%] \tag{4・3}$$

$$\%X_{bs} = \%X_s \times \frac{P_b}{P_s} \ [\%] \tag{4・4}$$

ここで，

$\%R_{bs}$：基準値換算後のインピーダンス（抵抗分）[%]

$\%X_{bs}$：基準値換算後のインピーダンス（リアクタンス分）[%]

$\%R_s$：基準値換算前のインピーダンス（抵抗分）[%]

$\%X_s$：基準値換算前のインピーダンス（リアクタンス分）[%]

P_b：基準容量 [kVA]

P_s：電力会社の基準容量 [kVA または MVA]

(2) 変圧器インピーダンス

$$\%R_{bt} = \%R_t \times \frac{P_b}{P_t} \ [\%] \tag{4・5}$$

$$\%X_{bt} = \%X_t \times \frac{P_b}{P_t} \ [\%] \tag{4・6}$$

ここで，

$\%R_{bt}$：基準値換算後の変圧器インピーダンス（抵抗分）[%]

$\%X_{bt}$：基準値換算後の変圧器インピーダンス（リアクタンス分）[%]

$\%R_t$：基準値換算前の変圧器インピーダンス（抵抗分）[%]

$\%X_t$：基準値換算前の変圧器インピーダンス（リアクタンス分）[%]

P_b：基準容量 [kVA]

P_t：変圧器容量 [kVA]

(3) ケーブルなどのインピーダンス

$$\%R_{bl} = \frac{R_l \times P_b}{10 \times V^2} \ [\%] \tag{4・7}$$

$$\%X_{bl} = \frac{X_l \times P_b}{10 \times V^2} \ [\%] \tag{4・8}$$

ここで,
%R_{bl}：基準値換算後のケーブルインピーダンス（抵抗分）〔%〕
%X_{bl}：基準値換算後のケーブルインピーダンス（リアクタンス分）〔%〕
R_l：基準値換算前のケーブルインピーダンス（抵抗分）〔Ω〕
X_l：基準値換算前のケーブルインピーダンス（リアクタンス分）〔Ω〕
P_b：基準容量〔kVA〕
V：回路電圧〔kV〕

(4) 電動機インピーダンス

$$\%Z_M = \%X_M \times \frac{P_b}{P_m} \ [\%] \tag{4・9}$$

ここで,
%Z_M：基準値換算後の電動機インピーダンス〔%〕
%X_M：基準値換算前の電動機過渡リアクタンス〔%〕
P_b：基準容量〔kVA〕
P_m：電動機容量〔kVA〕

4 インピーダンスマップの作成

インピーダンスマップは，**図4・7**に示すとおり検討対象の電源系統をもとに作成する．

インピーダンスマップは，電力会社電源，自家用発電機，電動機などの短絡電流供給源と変圧器，ケーブル，バスダクトなどのインピーダンスを系統構成に従って直・並列に接続して構成していく．

図4・7(b)は，単線接続図のA点で短絡事故が発生した場合のインピーダンスマップを示す．図4・7(c)は，単線接続図のBあるいはC点で短絡事故が発生した場合のインピーダンスマップを示す．この場合は，電動機の寄与電流を考慮するため，電動機回路を電源側の母線に接続する．電動機の寄与電流とは，電路の短絡事故時にその電路に接続されている電動機が自らの回転エネルギーによって発電機として作用し，事故点に電流を供給する現象で，モータコントリビューションとも呼ばれている．

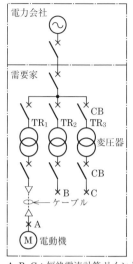
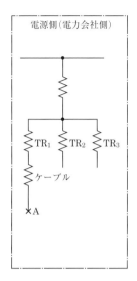

A, B, C：短絡電流計算ポイント
　　（a）単線接続図　　　　（b）A点事故の場合の　　　　（c）B, C点事故の場合の
　　　　　　　　　　　　　　　　インピーダンスマップ　　　　　インピーダンスマップ

■ 図4・7　インピーダンスマップ ■

5　故障電流の計算

(a) 故障電流の計算方法

三相短絡電流 (I_s) は，基準容量と合成インピーダンスなどより式 (4・10) で求める．インピーダンスは，故障点からインピーダンスマップ上の電源供給側のインピーダンスを合成する．

$$I_s = \frac{P}{\sqrt{3}\,V} \times \frac{100}{\%Z} \ [\mathrm{A}] \tag{4・10}$$

ここで，

P：基準容量〔kVA〕

V：線間電圧〔kV〕

$\%Z$：合成インピーダンス〔%〕

$$\%Z = \sqrt{\%R^2 + Z^2} \tag{4・11}$$

なお，二相短絡電流は，$I_s \times \sqrt{3}/2$ となる．

(b) 非対称係数（直流分係数）

短絡事故直後の電流は，図 **4・8** のように直流分が含まれる．この直流分は，回路の X/R により決まり時間とともに次第に減少する．

高圧回路に使用する遮断器は，遮断時間が数サイクルであり，直流分が含まれていても，定格遮断電流を遮断できるように設計されているため，直流分の影響はないと考えてよい．しかし，限流ヒューズや低圧回路に使用する配線用遮断器は，遮断時間が短いため遮断する短絡電流としては，直流分を含んだ1/2サイクル時点の非対称短絡電流を無視することはできない．直流分を含んだ非対称短絡電流（I_{as}）は，式(4・12)で求める．

$$I_{as} = K \times I_s \ [\text{A}] \tag{4・12}$$

ここで，K：非対称係数（直流分係数），I_s：三相短絡電流

なお，非対称係数は，回路のリアクタンス X と抵抗 R の比を算出し，図 **4・9** から求める．

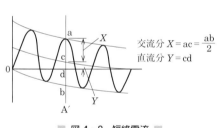

図4・8　短絡電流

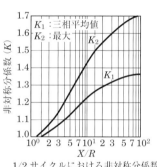

1/2サイクルにおける非対称分係数

図4・9　非対称係数

(c) 電動機の寄与電流

配電系統で短絡事故が発生すると，電動機自体が発電機として作用し，数サイクルであるが事故点に短絡電流を供給する（図 **4・10**）．短絡電流の計算に電動機の寄与電流を考慮するために電動機の過渡リアクタンスが必要となる．過渡リアクタンスが不明の場合は，電動機容量を基準として次の値を用いて計算しても大差はないとされている．

　　　高圧誘導電動機　15～20%
　　　低圧誘導電動機　20～25%

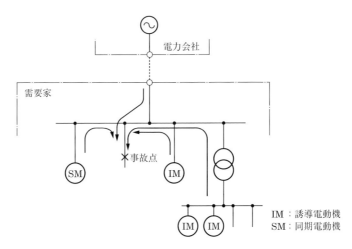

図 4・10　事故点に流入する短絡電流

6　グラフ用紙の選定と目盛の記入

　保護協調の検討は，負荷電流（数 A）から三相短絡電流（数十 kA）までの電流範囲と数十 m 秒から数秒までの時間範囲を必要とするため両対数グラフ用紙を用いる．目盛は，縦軸を時間，横軸を電流とする．高圧受電設備の場合は，時間を 10 ms から 10 秒程度，電流を 1 A から 10 kA 程度とすれば全体を表現し得る．

7　保護対象の選定

　保護協調は，受電点と負荷までの検討となるため，対象の回路を絞り込むことが必要となる．絞り込みした回路は，グラフ用紙の右上部に記載すると検討対象をより明確とすることができる．

8　保護対象の定格の記入

　保護対象となる回路の定格電流や始動電流および過負荷耐量などをグラフ用紙に記入する．これにより，保護対象が保護継電器動作特性曲線の保護範囲にあるか，負荷運転特性が保護継電器の動作領域にないかなどを検討することができる．
　なお，保護対象には，主回路機器やケーブルなどがあるが，主な機器の過負荷耐量は**表 4・5**に示す．

表4・5 主回路機器の短時間耐量

名　称	熱的強度 (交流対称分実効値)	機械的強度 (波高値)	規　格
遮断器	定格短時間耐電流 (定格遮断電流)　1秒間	左記電流×2.5	JIS C4603
	定格短時間耐電流 (定格遮断電流)　2秒間		JEC 2300
断路器	定格短時間耐電流　1秒間	左記電流×2.5	JIS C 4606
	定格短時間耐電流　2秒間		JEC 2310
負荷開閉器	定格短時間耐電流　1秒間	左記電流×2.5	JIS C 4605, 4607, 4611
高圧交流電磁接触器	定格短時間耐電流　0.5秒間	左記電流×2.0	JEM 1167
変圧器	系統と自己インピーダンスからJISに定める計算式より求める短絡電流2秒間．ただし，算出した短絡電流がタップの電流の25倍を超える場合は25倍を限度値とする	系統と自己インピーダンスのX/R比で倍率変化．最大で左記電流×2.55	JIS C 4304 (油) JIS C 4306 (モールド)
計器用変成器	定格過電流強度または 定格過電流　　1秒間	左記電流×2.5	JIS C 1731-1
	定格過電流強度に 相当する電流　1秒間		JEC 1201
零相変流器	定格一次電流の40倍 (最大値12.5 kA) 1秒間		JIS C 4609
	定格過電流強度に 相当する電流　1秒間	左記電流×2.5	JEC 1201

9　短絡電流の記入

選定した回路の三相，二相短絡電流の計算結果をグラフ用紙に記入する．

10　保護継電器の動作特性曲線の記入

グラフ用紙に電力会社の保護継電器，検討する受電設備の保護継電器動作特性曲線を記入する．

11 保護継電器間の時限差確認

　段階時限方式による保護協調は，負荷電流から三相短絡電流までの電流領域において，保護区間相互の動作時限協調を保つこととなる．
　協調は，保護継電器の動作時間や表4・1に示す慣性動作時間などを踏まえて検討する．また，異なる種類の遮断器が用いられ遮断動作時間が異なる場合は，その遮断器の動作時間も協調曲線に記入して検討する．

12 時間差の得られない保護協調の対策

　自家用受電設備の保護協調は，波及事故を防止するため電力会社の配電用変電所の保護継電器整定値との協調が必要となる．すなわち，受電点保護継電器の整定値に制約があることになる．また，負荷送電端の保護継電器は，負荷の運転状態による負荷電流特性から動作電流値と動作時間が決まる．
　したがって，高圧受電設備の保護協調は，受電点と負荷端保護継電器の整定値で制約された中での検討となり，時間差が十分確保できないことがある．時間差が確保できない場合の対策には，次の方法がある．

(a) 瞬時要素の利用
　瞬時要素により，短絡電流の検出と回路の遮断時間を最短とすることで，上位の保護継電器との時間差を確保する．

(b) 動作特性の利用
　最近の保護継電器は，普通限時特性，強反限時特性，超反限時特性などの特性を備えている機種がある．末端の保護継電器は，傾きが顕著な超反限時特性を選択し，上位の保護継電器は傾きの緩やかな普通限時特性を使用するなど動作時間特性の選択により時間差を確保する．

(c) 回路構成の変更
　負荷特性により時間差を確保できない場合は，負荷回路の分割など回路構成を変更する．

(d) 故障回路除外範囲の変更
　対策を施しても保護協調が不十分な場合は，自構内で被害が少ない区間の複数台の遮断器を同時引外しとする．

4-5 CB形高圧受電設備の短絡保護協調例

1 データの収集

(a) 単線接続図

図 4・11 に示す単線接続図で、受電電圧 6.6 kV、周波数 50 Hz とする。

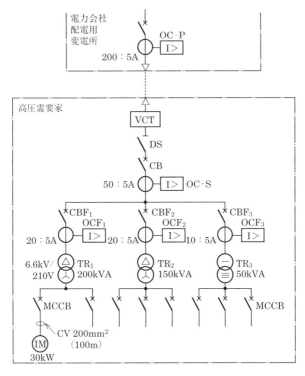

図 4・11 単線接続図

(b) 電力会社系統のデータ

- 基準容量　10 MVA（電力会社の基準容量）
- 合成インピーダンス %Z_s = 26.08
  - (%R + %jX = 7.31 + j25.03)

- 受電点三相短絡電流　3.35 kA
- 配電用変電所の保護継電器動作特性値
  　720 A − 0.5 秒，1 140 A − 0.2 秒

(c) 主要回路の定数

(1) 変圧器のインピーダンス（油入変圧器，50 Hz の例）

	%R	%X	%Z
三相 200 kVA	1.01	3.52	3.66
三相 150 kVA	1.06	2.26	2.50
単相 50 kVA	1.37	2.39	2.76

(2) ケーブルインピーダンス

CV　200 mm² 3芯ケーブル　こう長　100 m

抵抗：0.121 Ω/km　　リアクタンス：0.076 Ω/km

抵抗　0.121 Ω/km × 100 m ≒ 0.012 Ω

リアクタンス　0.076 Ω/km × 100 m ≒ 0.008 Ω

(3) 電動機特性

30 kW　誘導電動機，Y−△始動

入力容量　30 kW × 1.5 = 45 kVA

始動容量　45 kVA × 6 × 0.33 ≒ 89 kVA

　　　　（始動容量は，定格電流の 600％ とした）

(d) 負荷特性

　変圧器（TR1）の二次側に接続された電動機は，自動運転される．すなわち，最大負荷使用状態で始動されるとする．

2　基準値換算

(a) 基準値

- 基準容量（P）　1 000 kVA
- 基準電圧（V）　6.6 kV

(b) 電力会社（電源側）のインピーダンスの基準値換算（式(4・3), (4・4) より）

$$\%R_{bs} = 7.31 \times \frac{1\,000}{10\,000} \fallingdotseq 0.73$$

$$\%X_{bs} = 25.03 \times \frac{1\,000}{10\,000} \fallingdotseq 2.50$$

(c) 変圧器インピーダンスの基準値換算（式(4・5), (4・6) より）

①三相 200 kVA 変圧器（TR1）

$$\%R_{bt1} = 1.01 \times \frac{1\,000}{200} = 5.05$$

$$\%X_{bt1} = 3.52 \times \frac{1\,000}{200} = 17.6$$

②三相 150 kVA 変圧器（TR2）

$$\%R_{bt2} = 1.06 \times \frac{1\,000}{150} = 7.07$$

$$\%X_{bt2} = 2.26 \times \frac{1\,000}{150} = 15.07$$

③単相 50 kVA 変圧器（TR3）

$$\%R_{bt3} = 1.37 \times \frac{1\,000}{50} = 27.4$$

$$\%X_{bt3} = 2.39 \times \frac{1\,000}{50} = 47.8$$

(d) ケーブルインピーダンスの基準値換算（式(4・7), (4・8) より）

$$\%R_{bl} = \frac{0.012 \times 1\,000}{10 \times 0.21^2} \fallingdotseq 27.21\,[\%]$$

$$\%X_{bl} = \frac{0.008 \times 1\,000}{10 \times 0.21^2} \fallingdotseq 18.14\,[\%]$$

(e) 電動機の基準値換算（式(4・9) より）

$$\%Z_{bm} = \frac{25 \times 1\,000}{45} \doteqdot 556 \,[\%]$$

3 インピーダンスマップの作成

　単線接続図を基本として，図 **4・12** (b) に示すように，各インピーダンス（抵抗，リアクタンス）を接続する．次に，基準値換算したデータをインピーダンスのシンボル近傍にまた，短絡電流の計算ポイントを記入する．

　さらに，図 **4・13** に示すように，短絡電流の計算ポイントを基準に，インピーダンスを合成する．

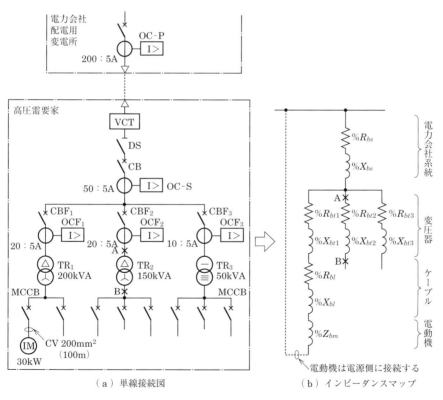

図 4・12　インピーダンスマップ

4-5 CB形高圧受電設備の短絡保護協調例

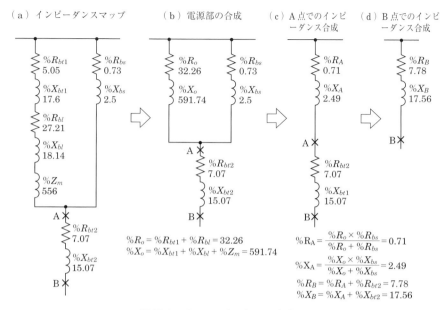

■ 図4・13 インピーダンスの合成 ■

4 故障電流の計算

インピーダンス合成結果よりA点，B点における短絡電流 I_A，I_B を式 (4・10) (4・11) で求める．

(a) A点の短絡電流計算 （図4・13 (c) 参照）

(1) インピーダンス

$$\%R_A = 0.71 〔\%〕 \quad \%X_A = 2.49 〔\%〕$$

A点でのインピーダンス Z_A

$$Z_A = \sqrt{(\%R_A)^2 + (\%X_A)^2} = \sqrt{0.71^2 + 2.49^2} ≒ 2.59 〔\%〕$$

(2) A点での三相短絡電流

$$I_A = \frac{P}{\sqrt{3}\,V} \times \frac{100}{Z_A} 〔A〕 = \frac{1\,000 \text{ kVA}}{\sqrt{3} \times 6.6 \text{ kV}} \times \frac{100}{2.59\%} ≒ 3.38 〔\text{kA}〕$$

(3) A点での二相短絡電流

$$I_A' = \frac{\sqrt{3}}{2} \times I_A ≒ 2.93 〔\text{kA}〕$$

163

(b) B 点の短絡電流計算 (図 4・13 (d) 参照)

(1) インピーダンス

$\%R_B = 7.78\%$ 　　$\%X_B = 17.56\%$

B 点でのインピーダンス Z_B

$Z_B = \sqrt{(\%R_B)^2 + (\%X_B)^2} = \sqrt{7.78^2 + 17.56^2} \fallingdotseq 19.21\%$

(2) B 点での三相短絡電流

$I_B = \dfrac{P}{\sqrt{3}\,V} \times \dfrac{100}{Z_B}$ 〔A〕

$I_B = \dfrac{1\,000\,\text{kVA}}{\sqrt{3} \times 6.6\,\text{kV}} \times \dfrac{100}{19.21\%} \fallingdotseq 455\,\text{A}$ (6.6 kV の場合)

$I_B = \dfrac{1\,000\,\text{kVA}}{\sqrt{3} \times 0.21\,\text{kV}} \times \dfrac{100}{19.21\%} \fallingdotseq 14.31\,\text{kA}$ (210 V の場合)

(3) B 点での二相短絡電流

$I_B' = \dfrac{\sqrt{3}}{2} \times I_B \fallingdotseq 394\,\text{A}$ (6.6 kV の場合)

(4) 非対称電流

B 点における $X/R = 17.56/7.78 \fallingdotseq 2.26$

非対称係数 $K_1 \fallingdotseq 1.05$ (図 4・9 より)

$\begin{bmatrix} \text{三相平均非対称係数}\,K_1 : \text{気中遮断器，配線用遮断器のように三相同時} \\ \phantom{\text{三相平均非対称係数}\,K_1 :}\text{に遮断する機器に使用する} \\ \text{最大非対称係数}\,K_2 : \text{電力ヒューズのように各相ごとに保護する機} \\ \phantom{\text{最大非対称係数}\,K_2 :}\text{器に使用する} \end{bmatrix}$

低圧配線用遮断器の必要とする遮断電流 I

$I = I_B \times K_1 = 14.31\,\text{kA} \times 1.05 \fallingdotseq 15.03\,\text{kA}$

5　保護協調曲線の作成

(a) 両対数グラフの準準

両対数グラフを準備して，横軸の電流は，1 A から 10 kA まで目盛をとる．また，縦軸は，0.01 秒から 10 秒まで目盛をとる．

(b) 保護対象の選定

保護対象の単線接続図をグラフ用紙の右上部のスペースに記入する．本例では，150 kVA 変圧器（TR2）回路を保護対象としている．

(c) 保護対象の定格記入

検討回路の定格電流，短絡電流（三相，二相）および変圧器の励磁突入電流，過負荷特性を記入する．

(d) 保護継電器動作特性曲線の記入

(1) 電力会社配電用変電所の保護継電器動作特性曲線を記入する．
(2) 保護継電器特性を記入する．なお，保護継電器の動作電流値整定は，下記とした．

① OC-S

$$\frac{200\ \text{kVA} + 150\ \text{kVA}}{\sqrt{3} \times 6.6\ \text{kV}} \fallingdotseq 31\ \text{A}$$

$$\frac{50\ \text{kVA}}{6.6\ \text{kV}} \fallingdotseq 8\ \text{A}$$

動作電流整定値

$$(31 + 8) \times (5/50) \times 1.2 \fallingdotseq 4.68\ \text{A}\ （整定値 5\ \text{A}）$$

② OC-F2

$$\frac{150\ \text{kVA}}{\sqrt{3} \times 6.6\ \text{kV}} \fallingdotseq 13\ \text{A}$$

動作電流整定値

$$13 \times \frac{5}{20} \times 1.2 \fallingdotseq 3.9\ \text{A}\ （整定値 4\ \text{A}）$$

(e) 保護継電器間の時限差確認

本検討例の図 4・14 は，保護継電器間の時限差を確保するため，次の対策を施した結果である．

(1) 過電流継電器（OC-F2）は，上位の過電流継電器（OC-S）と時限差を確保するとともに，変圧器（TR2）の励磁突入電流を考慮し，傾きが大きい超反限時特性を選択した．
(2) 過電流継電器（OC-S）は，限時特性の傾きが緩やかな普通反限時特性を選

択した．

(3) 過電流継電器（OC-S）は，電力会社と協調をとるため瞬時要素を使用し，その瞬時要素の整定値は，変圧器二次三相短絡電流で動作しない値とした．

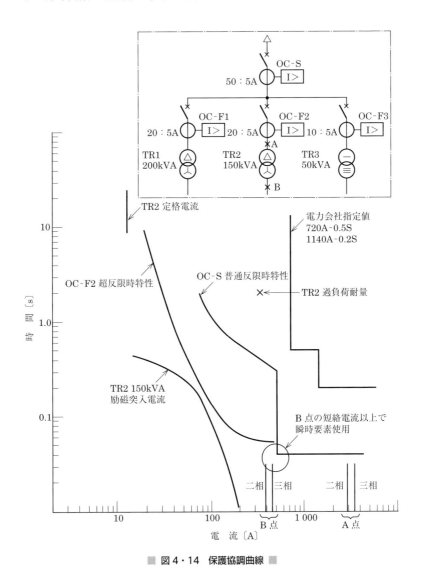

図4・14　保護協調曲線

4-6 低圧回路における短絡保護方式

1 低圧回路保護の特徴

　低圧回路の特徴は，高圧回路に比べ事故電流が大きいことと，回路のインピーダンス効果が大きいことである．また，保護装置自体の機能として引外し時間特性がその装置固有であるため，使用する機器の特徴や定格を踏まえた検討が必要となる．

　低圧回路のインピーダンス効果とは，変圧器の容量が大きく短絡電流が大きくても，末端の短絡電流は線路のインピーダンスにより低減されることで，遮断器の遮断電流定格を小さくすることが可能となる．

　図 4・15 に示すように，変圧器二次の三相短絡電流は，変圧器二次母線直近の F_1 事故点とケーブル端の F_2 事故点で短絡電流が異なる．これはケーブルのインピーダンスが式 (4・7)，(4・8) より，$1/(電圧)^2$ に比例するため，電圧が低くなればケーブルのインピーダンスが大きくなることに起因している．逆に変圧器二次母線の短絡電流は，変圧器のインピーダンスにより決定するため，遮断電流が

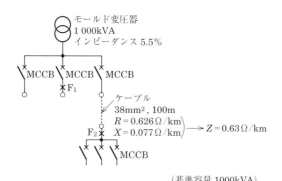

（基準容量 1000kVA）

変圧器二次電圧	インピーダンス		三相短絡電流	
	変圧器	ケーブル(100m)	F_1	F_2
200V	5.5%	158%	52.5kA	1.7kA
400V	5.5%	39%	26.2kA	3.2kA

図 4・15　インピーダンス効果

大きい配線用遮断器を選定する必要がある．

2 低圧回路の遮断方式

低圧回路の保護装置を用いた保護方式には，図 4・16 に示す方式がある．

(a) 全容量遮断方式

図 4・16(a) のように，系統の短絡電流以上の遮断能力を有する遮断器を設置する方法である．保護装置としては，信頼性の高い方式であり，多くの設備で用いられている．しかし，事故電流の大きさによっては，CB_1 と CBF_1 が同時に引き外されることもある．

(b) 選択遮断方式

図 4・16(b) のように，CB_1 と CBF_1 の動作時間差をとり，事故電流をまず CBF_1 で遮断させ，事故電流が遮断できない場合 CB_1 遮断させる方式である．この方式は，CB_1 の動作時間を長くするため，上位の過電流保護装置との協調が重要となる．

(c) カスケード遮断方式

図 4・16(c) のように，CBF_1 回路の短絡電流が，CBF_1 の遮断能力を上回っている場合に CB_1 と CBF_1 を組み合せ同時に遮断する方式である．この方式は，経済的ではあるが選択性が悪く，停電範囲が広くなる．また，遮断器の組合せ遮断が可能な機種を使用しなければならない．

(d) 系統分離方式

図 4・16(d) のように，2 バンク以上の系統において，母線分離遮断器 CBB を

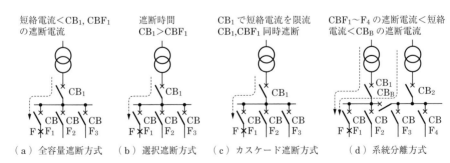

図 4・16　低圧回路の保護方式

設け，CBF_1 の負荷側で事故が発生したとき瞬時に系統を分離し，短絡電流を制限する．この方式は，母線分離遮断器が動作するまで大きな電流が流れるので，配線用遮断器を含めた系統が短絡電流に対する強度を必要とする．

3 低圧回路の保護協調

(a) 直列接続機器間の確認
一般に，直列に何段もの保護装置（配線用遮断器）を接続することがあり，それら相互間で必ずしも十分な時間差が得られるとは限らない．協調が不十分な場合は，系統の組替えや直列接続段数の削減などを検討する．

(b) 後備保護
低圧回路も主保護が機能しない場合に備えた後備保護を計画する．後備保護時間は，早いことが望ましいが選択性との兼合いもあり，協調曲線により検討が必要である．

(c) 温度特性
低圧回路に使用する配線用遮断器など熱動要素がある保護装置は，使用する周囲の温度を検討に含めることが必要となることがある．配電盤内に取り付けるなど周囲温度が高くなる場合は，定格電流に対する負荷電流を低減して使用，あるいは定格電流値のランクを上げるなど，装置の温度特性を確認して選定する．

4-7 変圧器の保護方式

1 保護の考え方

変圧器は，その故障により変圧器二次側負荷への電力供給停止となるため，保護対象として重要な機器の一つである．油入変圧器は，内部事故により火災の危険性もあり損害も大きなものとなることがある．このため変圧器の保護は，事故の拡大や波及を防止するためにも，確実に動作するものが要求される．

変圧器の保護には，内部故障を検出し二次災害の防止を目的とする保護と変圧器二次側の短絡や過負荷による外部故障による焼損防止を目的とする保護方式がある．

①内部保護方式
・比率差動継電器による電気的な区間保護
・ブッフホルツ継電器，放圧装置などによる機械的な内部保護
②外部保護
・過電流継電器による過電流保護・短絡保護
・限流ヒューズによる短絡保護

　高圧受変電設備に用いる変圧器は，内部保護を適用することが困難であるだけでなく，コストも負担となる．一般的に，過電流継電器あるいは限流ヒューズによる過電流保護，短絡保護が適用されている．限流ヒューズを使用する場合は，変圧器の励磁突入電流でヒューズが劣化しないように，限流ヒューズを選定する必要がある．

2　変圧器の過負荷保護

　高圧受電設備における変圧器の過負荷保護は，変圧器巻線の過熱，焼損を防止するもので，温度継電器による油温や巻線の温度検出と過電流継電器による過負荷電流検出が一般的である．

3　複数台の変圧器保護

　一般に変圧器は，負荷配分により変圧器が過負荷とならないように計画されている．

　複数台変圧器の一括保護は，図 4・17 の例では，変圧器の定格に対して保護装置の定格が 2～3 倍となってしまい変圧器上位の過電流継電器で，過負荷保護が困難である．また，外部故障などが発生すると上位で保護遮断するため複数変圧器がすべて電力供給できなくなり，停電の範囲が広がる．

　複数台の変圧器一括保護は，中小規模の高圧受電設備に見られる回路構成であるが，非常負荷や防災負荷が含まれる場合や重要設備の場合は，個別の保護を計画する．

　停電の範囲を極小化するための変圧器過負荷保護方法は，次のとおりで，その回路構成を図 4・18 に示す．

①変圧器に温度検出装置を設ける．

4-7 変圧器の保護方式

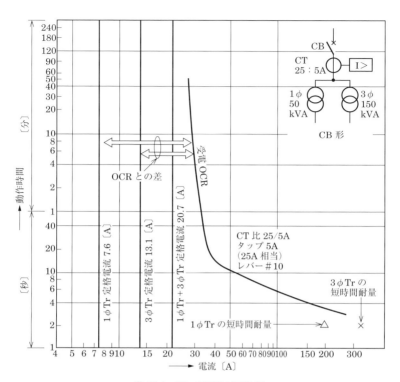

図4・17 変圧器の保護

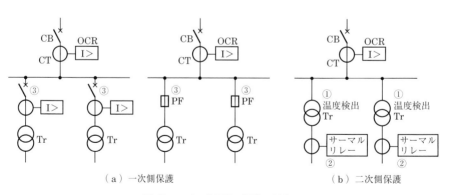

(a) 一次側保護 　　　　　　　　　　　(b) 二次側保護

図4・18 変圧器の保護回路例

②変圧器の二次側にサーマルリレーを設ける．
③変圧器個々にヒューズや過電流継電器を設ける．

4-8 電動機の保護方式

1 電動機の保護について

　高圧受電設備には，動力源として多くの電動機が広範囲に使用され，その用途，種類，容量，定格など多種多様である．電動機が停止すると空調やポンプなどの運転ができないばかりか，電気系統にも影響を及ぼし事故を拡大することにもなりかねない．

　誘導電動機の保護には，電動機そのものの保護，駆動機の保護や配電系統の保護などがある．また，電動機自体の保護を見ても，巻線の短絡，地絡，不足電圧，欠相，巻線の過熱，軸受の加熱保護などがあるが，多くの場合焼損防止に有効な過負荷保護，および短絡保護である．

　電技第 65 条では，出力 0.2kW 以下のものを除き，過負荷保護が義務づけられている．

2 電動機の保護回路

(a) 高圧電動機の保護回路

　高圧電動機の保護装置としては，図 4・19 に示すとおり，遮断器と過電流継電

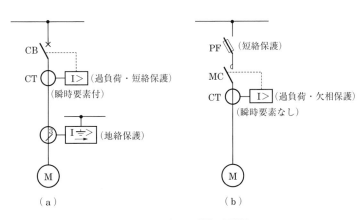

図 4・19　高圧電動機の保護例

器（瞬時要素付）の組合せ，あるいは高圧電磁接触器と過電流継電器および限流ヒューズの組合せが多く用いられている．なお，開閉頻度の高い場合は，図4・19（b）の高圧電磁接触器を用いることが多い．

(b) **低圧電動機の保護回路**

低圧電動機の保護装置としては，図 **4・20** に示すとおり，モータブレーカによる保護，あるいは配線用遮断器と電磁接触器，熱動形保護継電器（サーマルリレー）の組合せが多く用いられている．

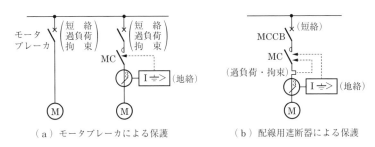

図4・20　低圧電動機の保護例

3　電動機の保護

(a) 過負荷保護，短絡保護

誘導電動機には，許容過負荷特性があるため過負荷保護継電器を用い保護する．この保護継電器には，過電流継電器，サーマルリレー（熱動形，電子式）が多く使用されている．始動特性に対しては，電動機保護用継電器と上位側過電流継電器との協調を，また電動機の始動電流によって過電流継電器や限流ヒューズが不要動作しないように計画する．

(b) 地絡保護

電動機の地絡事故は，相間短絡に移行することが多いので地絡事故を速やかに検出し保護する．地絡保護は，系統接地方式により使用する保護継電器が異なるため接地系統を踏まえた保護方式の選択が必要となる．

(c) 不足電圧保護

不足電圧保護は，電圧が低下すると電動機電流が増加し過熱することへの防止と停電が復旧した時の再始動による負荷や人身の安全を確保することを目的とし

ている．したがって，不足電圧継電器で電圧低下や停電を検出し，電動機用開閉器を引き外し保護する．

(d) 欠相保護

回路に電力用ヒューズを使用している場合は，ヒューズの一相溶断あるいは配線の緩みなどで発生する電動機運転中の1線断線（欠相）を検出し保護する．なお，電動機回路欠相を検出するものには，過負荷と欠相を検出する2Eリレー，過負荷と欠相と逆相を検出する3Eリレーなどがある．

4-9 高圧進相コンデンサの保護方式

高圧進相コンデンサは，高圧受電設備の力率改善や電圧降下対策などで多く用いられている．コンデンサは，劣化その他で事故が発生すると，短絡事故や容器の変形，亀裂を生ずることがあるので，事故拡大防止のための保護が必要となる．

コンデンサの保護方式には各種あるが，**図4・21**に示す**過電流検出方式**，コンデンサ内部の**圧力検出方式**などが一般的である．しかし，コンデンサの事故電流は，検出が難しく動作検出から保護協調を図るのは困難なことがある．したがってコンデンサ保護は，コンデンサの損傷による二次災害防止に有効な限流ヒューズが用いられている．また，内部圧力上昇による容器の変形検出継電器を組み合わせて保護している．

また，負荷設備や高圧配電線路に接続された他需要家の負荷設備から発生した高調波がコンデンサに流入すると，直列リアクトルの過熱を引き起こす可能性がある．高圧受電設備では，高調波流入による保護として，**図4・22**に示す直列リアクトルの温度上昇を温度センサで検出する方法が多く用いられている．

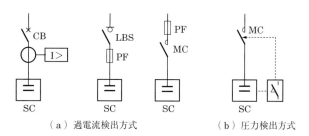

■ 図4・21　コンデンサの保護方式 ■

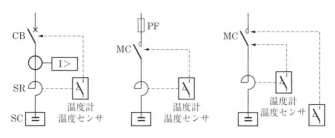

■ 図4・22　リアクトル付コンデンサの保護方式 ■

4-10　高圧回路の地絡保護

1　地絡保護の必要性・目的

　高圧受変電設備における事故の大半が地絡事故である．一般的に，高圧配電系統は，非接地方式で地絡電流そのものの値が小さいため，地絡事故による被害はさして大きなものではない．しかし，地絡事故を放置すると短絡事故に移行することもあるし，漏電火災や感電事故となることがある．したがって，地絡事故が発生した場合は，速やかに検出し，事故点を除去すべきである．

　電技第15条には，「地絡が生じた場合，電線若しくは電気機械器具の損傷，感電又は火災のおそれがないよう，地絡遮断装置の施設その他の適切な措置を講じなければならない．」と義務づけている．また，高圧受電設備規程（JEAC 8011）の第2編「保護協調，絶縁協調」では，「第2110節　保護協調に関する基本事項（規定）」，「第2130節　地絡保護協調（解説）」として，地絡保護の必要性を規定している．

2　電力会社系統と地絡保護について

　電力会社から需要家に至る配電系統は，地絡事故時の異常電圧の抑制や保護継電器の動作を確実とするため各種接地方式が採用されている．一般的に特別高圧（22 kV～77 kV）配電系統は高抵抗接地系，高圧配電系統はほとんど非接地系，低圧系統は直接接地方式がとられている．

　需要家受電部の地絡保護は，電力会社配電線の接地方式（系統接地）に依存し

ており，電力会社の接地方式により保護方式や保護装置が異なることがある．

3　地絡事故の検出方式

地絡事故が発生すると，その系統には零相電流が流れ，零相電圧が発生する．したがって，地絡保護は，この零相電流や零相電圧を検出することになる．検出には，図4・23に示す次の方式がある．

①地絡電流の検出：地絡過電流継電器
②零相電圧の検出：地絡過電圧継電器
③位相の検出：地絡方向継電器（検出した零相電圧と零相電流から位相を判定）

零相電圧は，接地形計器用変圧器（EVT）か零相基準入力装置（ZPD）により検出する．しかし，高圧受電設備でEVTを使用すると，電力会社の地絡保護感度を低下させたり事故点の発見が困難となることから，ZPDを用いている．ただし，図4・24のように，特別高圧需要家の構内高圧回路や高圧受電方式で受電変圧器（絶縁変圧器）が施設されている場合の二次高圧回路には，EVTを使用することができる．これらは，地絡事故時の異常電圧の抑制や保護継電器の動作を確

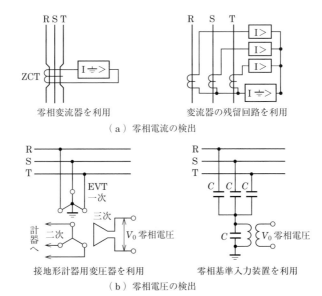

図4・23　地絡検出方式

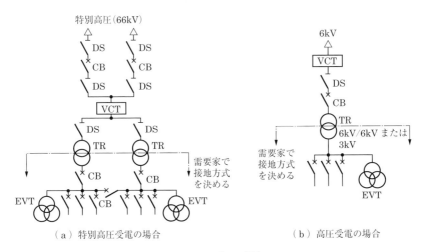

(a) 特別高圧受電の場合　　　　(b) 高圧受電の場合

図 4・24　受電回路例

実とすることなどに有効となる.

4　地絡保護方式

　高圧配電系統は，一般的に図 4・25 の回路図のとおりである．電力会社の地絡保護は，各配電線に取り付けた零相変流器（ZCT）で検出した零相電流と接地形計器用変圧器（EVT）で検出した零相電圧を組み合せ，いずれの配電線で発生した地絡事故か位相を判定して動作する地絡方向継電器（DGR）と EVT の零相電圧で動作する地絡過電圧継電器（OVGR）を備えている．

　地絡事故が発生すると，事故を検出した地絡方向継電器（DGR）と地絡過電圧継電器（OVGR）の動作信号を組み合せ，事故回路の遮断器を引き外す選択遮断方式がとられている．

　一方，需要家 A は，受電点に取付けた ZCT で検出した零相電流（地絡過電流）で動作する地絡過電流継電器を備え，事故を検出すると地絡過電流継電器（OCGR）の動作信号で，主遮断装置を引き外す方式となっている．この方式は，地絡電流の検出のみで保護するため，非方向性保護となる．また，需要家 B は，受電点に取り付けた零相基準入力装置（ZPD）と ZCT で検出した零相電流（地絡過電流）で動作する方向地絡継電器（DGR）を備え，方向地絡継電器（DGR）の動作信号

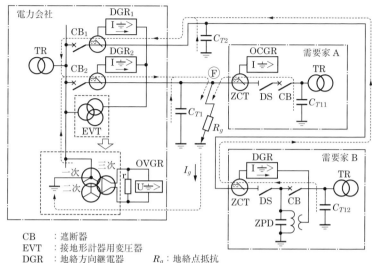

CB	：遮断器
EVT	：接地形計器用変圧器
DGR	：地絡方向継電器
OVGR	：地絡過電圧継電器
OCGR	：地絡過電流継電器

R_g：地絡点抵抗
I_g：地絡電流
$C_{T1}, C_{T2}, C_{T11}, C_{T12}$：対地静電容量

図 4・25　地絡保護回路例

で，主遮断装置を引き外す方向性保護方式となっている．

図 4・25 の F 点で地絡事故が発生すると，図のような地絡電流分布となり，電力会社の DGR_2 が地絡事故電流を検出し，CB_2 を引き外す．需要家 A は，事故点に向かって流れる地絡電流が地絡過電流継電器（OCGR）の整定値以下であれば支障ないが，それを上まわれば主遮断装置を引き外すこととなる．需要家 B は，方向性を判定しているので動作することはない．

5　地絡電流の計算法

図 4・25 のような配電系統で地絡事故が発生した場合の等価回路は**図 4・26** と表すことができる．

1 線地絡電流 I_g は，式（4・13）となる．

$$I_g = \frac{E_g}{R_g + Z_0} = \frac{E_g}{R_g + \dfrac{1}{\dfrac{1}{R_n} + \dfrac{1}{R_t} + j\omega C_t}} \fallingdotseq \frac{E_g}{R_g + \dfrac{1}{j\omega C_t}} \ [\text{A}] \qquad (4・13)$$

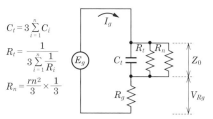

C_t：対地静電容量
R_t：対地漏えい抵抗
R_n：EVT 三次電流制限抵抗の一次換算値
R_g：地絡点抵抗

図4・26　地絡事故時の等価回路

なお，一般に $R_t \gg 1/\omega C_t$，$R_n \gg 1/\omega C_t$，であることから $1/R_t$，$1/R_n$ を省略することができる．

ここで

E_g：対地電圧〔V〕　　6 kV の場合 $E_g = \dfrac{6\,600}{\sqrt{3}} \fallingdotseq 3\,810\text{ V}$

r：EVT 三次電流制限抵抗値〔kΩ〕

EVT の変成比：$\dfrac{6\,600}{\sqrt{3}} : \dfrac{110}{\sqrt{3}} : \dfrac{190}{3}$　（単相 EVT）

n（EVT 一次と三次の変成比）：$\dfrac{6\,600}{\sqrt{3}} : \dfrac{190}{3} \fallingdotseq 60$

$r = 50\,\Omega$ の場合，$R_n = \dfrac{50}{3} \times \left(\dfrac{\dfrac{6600}{\sqrt{3}}}{\dfrac{190}{3}}\right)^2 \times \dfrac{1}{3} = 20\text{ k}\Omega$

C_t：ケーブルの対地静電容量　$C_t = 3\sum\limits_{i=1}^{n} C_i$

C_i：一相当たりの対地静電容量

R_t：対地漏えい抵抗〔Ω〕 $R_t = \dfrac{1}{3\sum\limits_{i=1}^{n}\dfrac{1}{R_i}}$

R_i：一相当たりの対地漏えい抵抗

地絡電流の計算例

条件：ケーブルこう長　6 km
　　　ケーブルサイズ　CV 200 mm^2
　　　対地静電容量　　0.51 μF/km（一相当たり）
　　　電圧　　　　　　6 600 V
　　　周波数　　　　　50 Hz

計算：

　ケーブルの対地静電容量：C_t

　0.51 μF/km × 3 相 × 6 km = 9.18 μF

　静電容量によるインピーダンス

$$\frac{1}{\omega C_t} = \frac{1}{2 \times \pi \times f \times C_t}$$

$$= \frac{1}{2 \times 3.14 \times 50 \times 9.18 \times 10^{-6}} \fallingdotseq 347 \; \Omega$$

地絡点抵抗 $R_g = 0$ の時の完全地絡電流 I_g は下記となる．

$$I_g = \frac{6\,600}{\sqrt{3}} \times \frac{1}{347} \fallingdotseq 11 \; \text{A}$$

なお，計算例はケーブルのみで計算したが，系統に応じ配電線などの対地静電容量を考慮した計算が必要となる．

6　高圧受電の地絡保護協調

(a) 地絡過電流協調

一般的に，電力会社の 6 kV 配電系統における協調は，地絡継電器の感度電流と動作時間を整定することになる．整定に際しては，電力会社と事前に確認しておく．

(b) 地絡過電流継電器の不必要動作

零相変流器で地絡電流を検出する地絡過電流保護は，非方向性であり，自構内の高圧ケーブルなどが長距離にわたり対地静電容量が大きくなると，零相変流器取付け位置よりも電源側の地絡事故で誤動作することがある．

地絡過電流継電器の整定値から誤動作しないケーブルサイズ，こう長の関係を

検討する.

条件：
　①回路図　図4・26
　②地絡過電流継電器の整定値　0.2 A
　③周波数　50 Hz
　④ケーブルサイズ　CV 60 mm^2
　⑤ケーブルの対地静電容量　0.37 μF/km（一相当たり）
　⑥地絡点抵抗　0 Ω

計算：
　式(4・13)より

$$0.2 \text{ A} = \frac{3\,810 \text{ V}}{\dfrac{1}{\omega C_i}}$$

$$0.2 = 3\,810 \times \omega C_t$$

$$C_t = 0.2/(2 \times 3.14 \times 50 \times 3\,810)$$

$$\fallingdotseq 0.167 \times 10^{-6} \text{ F} = 0.167 \text{ μF}$$

CV 60 mm^2 を使用したときのケーブルこう長

$$\frac{0.167 \text{ μF}}{0.37 \times 3 \text{ μF}} = \frac{0.167 \text{ μF}}{1.11 \text{ μF}} \fallingdotseq 0.15 \text{ km}$$

したがって，ケーブルこう長が150 m以内であれば支障ないが，それ以上となると，不要動作する可能性がある．

不要動作の可能性がある場合は，地絡過電流継電器の感度電流値を大きくするか方向性のある保護方式とするなどの対策を検討する．

(c) 方向性地絡保護

図4・25に示す需要家Bのように，ZPDを設けて零相電圧と地絡過電流を検出し，その位相から方向性を判定する保護方式である．

保護継電器の零相電圧と零相電流による位相検出角度は，固定されているため，地絡過電流継電器の感度電流と動作時間を整定することになる．

4-11 低圧回路の地絡保護

1 低圧地絡保護の目的

　低圧回路の地絡保護は，機器の損傷，感電や火災防止などを目的としており，電技解釈第36条に，また内線規程（JEAC 8001）の1375節に「漏電遮断器など」として，低圧回路の地絡保護が規定されている．

2 低圧回路の地絡事故

　低圧回路の地絡事故は，変圧器二次側の接地方式により様相が異なる．接地方式は，**図4・27**に示すとおり，非接地，高抵抗接地および直接接地がある．
　図4・27（a）の高抵抗接地方式において，a相で地絡事故が発生したとすると，地絡電流 I_g は図のように流れる．地絡事故点の地絡抵抗を零とすると，**図4・28**のベクトル図に示すようにa相の電位と対地電位はほぼ同じとなり事故相の電圧が0で，健全相の電圧は線間電圧と同じとなる．

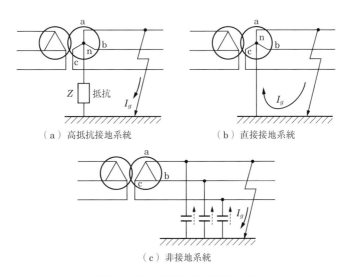

図4・27　変圧器中性点接地方式

4-11 低圧回路の地絡保護

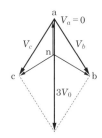

図4・28　高抵抗接地方式における地絡時のベクトル図

図4・27 (b) の直接接地方式は，中性点抵抗が0となり，1線地絡時の事故相の電圧は0となる．したがって，地絡電流は，短絡電流と同じ大きさとなり零相電圧の値も小さい．図4・27 (c) の非接地方式は，中性点抵抗が無限大となる．なお，地絡電流は，電路の対地静電容量を介して流れ，事故相の電圧に対して進みとなる．

3　低圧回路構成と地絡保護

低圧回路の地絡保護は，接地方式や配電方式により多少異なる．検出装置には，漏電遮断器，地絡過電流継電器および地絡過電圧継電器などがある．また，地絡事故回路の遮断に用いる開閉器には，漏電遮断器，配線用遮断器および電磁接触器がある．低圧回路の地絡保護回路を**図4・29**に示す．また，**図4・30**のように，高圧から低圧に降圧する変圧器に地絡過電流継電器を設け，変圧器二次回路の地絡を一括で検出する方法もある．

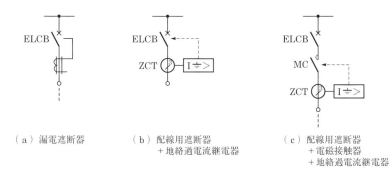

図4・29　低圧回路の地絡保護回路

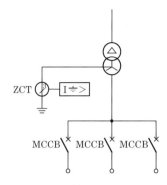

図4・30　変圧器側に地絡過電流継電器を設ける例

　なお，地絡事故は，電技解釈第36条で「使用電圧が60Vを超える低圧の機械器具に接続する電路には，電路に地絡を生じた時に自動的に電路を遮断する装置を施設すること」とある．しかし，非常照明や誘導灯など公共の安全の確保に必要な負荷に電源供給する回路などは，地絡警報を発することで引外し対象外とされることなどもある．したがって，保護対象の負荷回路の用途や目的を踏まえ，検出装置や開閉装置の計画や設計を行う必要がある．

4-12　絶縁協調

1　絶縁協調とは

　電路の絶縁協調とは，内部過電圧で絶縁破壊あるいはフラッシオーバーが生じないように電路の絶縁強度を設定することである．外部過電圧に対しては，避雷器を設け避雷器の保護レベルを電路の絶縁強度より低くすることによって保護することである．

2　雷サージ絶縁協調の考え方

絶縁協調の対象は，
①常規交流電圧
②配電回路および受電回路の内部で生ずる過電圧

③雷サージ

に大別される．

　①，②に関しては線路絶縁が十分に耐えること，③に関しては，線路絶縁雷サージの抑制対策とを組み合わせて絶縁破壊事故が生ずることのないことを目標として設計すべきである．絶縁設計の基本的な考え方は，次のとおりである．

(1) 各種気象条件下において，常規電圧および回路内の原因で生じる過電圧で絶縁破壊事故が生じないようにする．
(2) 雷サージに対しては，避雷器により十分な絶縁協調を確保する．また，汚損に対する絶縁に留意する．
(3) 強雷地区では，需要家の受変電設備に避雷器を設置するほか，これに接続される配電線路の耐雷施設による雷サージ抑制も含めて全体的な絶縁協調を考慮する．

3　避雷器の雷サージ抑制効果

　受変電設備の雷害防止対策としては，地域によって異なる雷サージ発生回数の予測と引込線の種類，長さなどから判断して避雷器の必要性を考えなければならない．現行の電技は，受電電力容量 500 kW 未満の施設での避雷器の取付け義務は緩和されていて，必ずしも取り付けなくてもよいことになっている．しかし，雷による設備面の危険度は，設備容量の大小によって異なるものでない．したがって，高圧架空電線路から供給を受ける需要場所の引込口またはこれに近接する箇所に避雷器を設置し，十分な雷サージ絶縁協調を確保することが必要である．

　避雷器は，一般的に雷サージに対して機器との絶縁協調を保つために使用されているので，これらの近くに設置すれば，絶縁協調の効果を高めることができる．しかし，直撃雷によるフラッシオーバーを防止することはほとんど期待できない．避雷器の設置は，誘導雷サージの抑制による事故防止を主目的としている．

5章
監視と制御

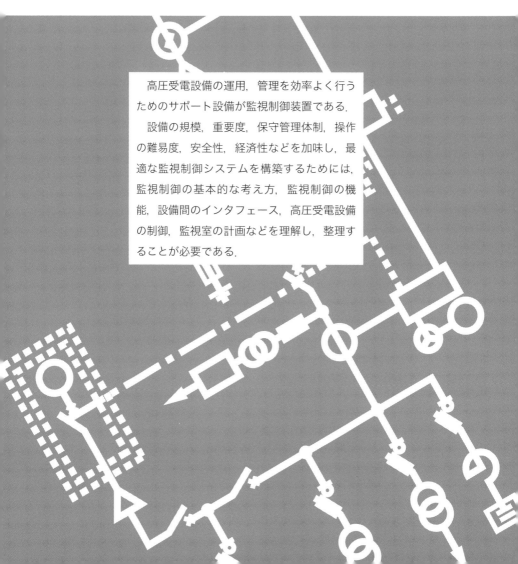

　高圧受電設備の運用，管理を効率よく行うためのサポート設備が監視制御装置である．

　設備の規模，重要度，保守管理体制，操作の難易度，安全性，経済性などを加味し，最適な監視制御システムを構築するためには，監視制御の基本的な考え方，監視制御の機能，設備間のインタフェース，高圧受電設備の制御，監視室の計画などを理解し，整理することが必要である．

5-1 監視制御の概要

1 概　　　要

　高圧受電設備を正常な状態で運転するためには，常に設備の状態を把握し，適切な操作を行う必要がある．この目的のために，設備や装置から人間に対し発せられる報告，情報伝達が「監視」である．また，それに応じて人が設備や装置に対し行う指示・命令，情報伝達が「制御」である．この監視と制御を行うしくみを監視制御装置といっている．

　監視制御装置の主な役割は，図5・1に示すように，通常時には，スケジュール制御などによる入／切操作指示を行い，これに従って動作した結果の状態信号を受け，設備の状態監視を行い，計測値・積算値の自動記録・保存などを行うことである．また，設備の故障時には，ベルやブザーにより警報を発報し，管理者に通知を行うとともに，それらの履歴を自動記録・保存することである．

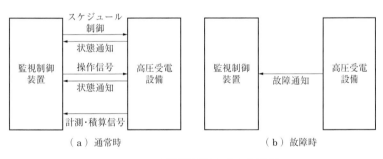

図5・1　監視制御装置の主な役割

2 変　　　遷

　1970年代以降，建物の大形化，高機能化が進み，これに合わせて設備の種類も増大し，これらの設備を効率よく運用管理するために集中管理型の監視制御装置が現れた．1970年代の前半は，個別監視・制御の流れを汲むシーケンスリレー盤に制御用計算機（ミニコンピュータ）が接続された形態で，監視制御の主体は

グラフィックパネル（GP）とリレーシーケンスであり，計算機はデータロガー機能や印字機能を受け持つ運転データの処理が中心のシステム構成となっていた．

1970年代の後半は，マイクロコンピュータが発達し，従来のリレーシーケンス主体のシステムから中央演算処理装置（CPU）主体のシステムへと代わった．

1980年代になると，マイクロコンピュータの性能が一気に向上し，システムの構築がより容易になり，グラフィック画面を利用し，設備の系統図などを分かりやすく表現することができるようになった．

1990年代に入るとCPUチップが高機能化し，UNIXなどの高度なオペレーティングシステム（OS）の搭載が可能となった．また，パーソナルコンピュータが普及し，産業用コンピュータとネットワークを利用したクライアント／サーバシステムという構成が確立した．これらは，現在に至るまで監視制御装置の主流の考え方になっている．

1990年代の後半から2000年代にかけてインターネット技術の急速な進展によるオープン化，マルチベンダ環境の統合監視システム化，ヒューマンインタフェース機能の高度化（Windows対応），マルチメディア対応が進んでいる．

監視制御の技術変遷を図 5・2 に示す．

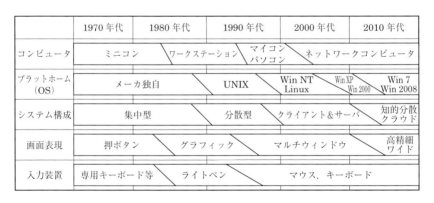

図 5・2　監視制御の技術変遷

5−2 監視制御の基本

1 監視制御の場所

　高圧受電設備の監視制御場所には，高圧受電設備の設置場所である現場（電気室），ビルなどの設備を一括管理するための場所である中央監視室，複数のビル群などを遠隔管理するための場所である遠隔管理センタなどがある．

　監視制御場所は，設備の規模や重要度，保守管理体制などを考慮して決定することになるが，高圧受電設備の監視制御においては，一般的に現場と中央の両方で行えるようにしている．最近では中央を設けず，複数のビル群の設備を遠隔地の管理センタから一括監視するケースも見られるようになった．

(a) 現場での監視制御

　現場での監視制御は，図5・3に示すように，高圧受電盤の各盤面に切換えスイッチや操作スイッチ，計測装置，表示装置を設けて行う．大規模な設備の場合，操作スイッチ類や表示装置を集約した監視盤を設ける場合があるが，費用対効果で採用例は少ない．

　通常は無人となる現場でも監視制御できるようにする目的は，以下のとおりである．

① 設備の状態を直接目視しながら保守・点検などができる．
② 詳細な故障箇所を確認できる．
（中央監視室では，故障警報を集約して代表監視している場合がある）
③ 直接監視，操作できる．
（中央監視室の監視制御が故障した場合でも運用できる）

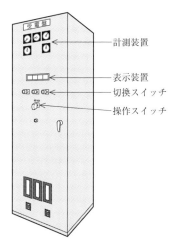

図5・3　受電盤，盤面の操作用品例

(b) 中央監視室での監視制御

中央監視室での監視制御は，各所に分散した監視制御対象設備を中央監視室などで集中的に行えるようにしたものである．中央監視室での監視制御を行うことにより，運転の効率化，監視制御の迅速化，現場の無人化・省力化などの効果が期待できる．

中央監視室での監視制御を行うための装置は，次のように分類される．

① 警報盤

　小規模の設備を対象とし，主として故障警報などを監視する．

② 簡易形監視制御装置

　中規模の設備を対象とし，高圧受電設備と現場側に配置した伝送装置を組み合わせて，監視制御，記録などを行う．

③ 監視制御装置

　中規模および大規模の設備を対象とし，高圧受電設備と現場側に配置した伝送装置を組み合わせて，監視制御，記録などを行う．

図 5・4 に監視制御装置の外観例を示す．

（a）簡易形監視制御装置　　　　　（b）監視制御装置

図 5・4　監視制御装置の外観例

2　現場での監視制御

現場での監視制御は，表示装置，警報装置，計測装置などから構成される．

(a) 表示装置

表示の内容は，状態表示と故障表示に分けられる．

状態表示として最も多い「投入」／「開放」など，2位置の状態表示は，以下の方法を用いる．

① 2灯式（赤／緑）

2灯式は最も普通に使用されている方式で，遮断器，断路器，電磁接触器などの投入状態で赤，開放状態で緑の表示灯を点灯する方式である．

2灯式で自動状態変化を表示する必要があるときには，表示灯をフリッカさせている．すなわち自動遮断では緑色表示灯をフリッカ（点滅）し，自動投入では赤色表示灯をフリッカさせている．

② 1灯式（白）または（緑）

1灯式はどちらか一方を点灯表示し，消灯時は反対の状態にあることを識別するもので，白色表示灯または緑色表示灯1灯の点灯で状態表示を行う方式である．制御電源表示や機器の運転表示などに使用される．

③ 3灯式（赤／白／緑）または（赤／橙／緑）

3灯式は2灯式に動作中表示として白色または橙色の表示を追加したものであり，本質的には2灯式と同一表示方式である．また，自動遮断表示として利用されることもある．

故障表示としては，一括または数グループを一つにまとめた表示器，全体を一つの位置で表示する集合表示器などがある．故障表示器の代表的なものは，以下のとおりである．

① ターゲット式（落下枠形）表示器

ターゲット式表示器は，故障内容を機械的に表示するもので，構造が簡単で長寿命である．復帰は，表示器についているツマミを操作することにより行う．

② ランプ表示器

ランプ表示器は，ランプ内蔵式で最も一般的に採用されている．最近はランプにLEDが採用され，長寿命化されている．重故障は赤色表示，軽故障は橙色表示など，故障内容により色分けを行うことも可能である．

③ マクリット（電磁反転式）表示器

マクリット表示器は，電磁反転作動方式による表示器で，赤と緑に塗り分けられた球体が回転することで状態を表示する．高圧受電設備を屋外など光の

（a）ターゲット式(落下枠形)表示器

（c）マクリット表示器

（b）ランプ表示器

図 5・5　表示器外観

反射で見えにくい場所に設置する際に採用する．

故障表示器の外観例を図 5・5 に示す．

(b) 警報装置

電気設備の故障は，突発的に起こるのが普通である．したがって保護継電器などによって検出した故障を監視員に迅速かつ的確に知らせることが必要となる．そのため故障表示器と警報装置を組み合わせて構成することが多い．

故障は，大きく重故障と軽故障に分類することができる．重故障は，保護継電器などの動作により遮断器トリップを伴い，監視員が緊急処理をすることが必要となる．また，警報音もベルが採用される．軽故障は，遮断器のトリップを伴わない故障で，運転状態の変化や，監視員が時間をかけて対応できる緊急性の低い故障で，警報音はブザーが採用される．

故障表示と警報，監視員の関係を図 5・6 に示す．

故障発生により警報装置が発報するとともに故障表示器がフリッカする．監視員の「警報停止」操作によりベル・ブザー音を停止，「フリッカ停止」操作によりフリッカ表示を停止させる（故障表示は継続して表示）．設備の故障状態を復帰した後，「表示復帰」操作を行うことで故障表示をリセットし，正常状態表示となる．

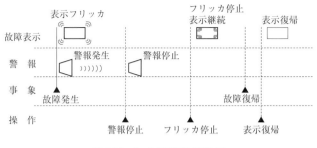

図5・6　故障表示と警報

(c) 計測装置

計測装置としては，電圧計，電流計，電力計，力率計，電力量計などが盤表面に取り付けられる．これら計測装置の目的は，以下のとおりである．

① 電気設備および機器の運転状態が正常であることの確認
② 電気設備および機器の運転状況の変化をとらえ必要な判断と処理の実施
③ 電気設備および機器の異常発生の予知および対策
④ 必要に応じて記録を行い，故障の原因を探る手がかりを提供，運転管理の資料

保守上の必要性，重要性，経済性などを考慮し，必要最低限の計測装置を設置することが必要である．

また，これら計測結果を，固定フォーマットを定め，毎日定時に記録し，保管する．

(d) 複合形保護継電器（マルチリレー）

表示装置，警報装置，計測装置をはじめ，スイッチギヤに必要な保護・制御機能を集約したものが，複合形保護継電器である．複合形保護継電器は，故障解析機能と自己監視機能を備え，使いやすさと見やすさの観点から液晶などのディスプレイを採用するほか，Ethernetなどのデータ伝送方式にすることで信号線の削減を図っている．

複合形保護継電器の外観例を図5・7に示す．

図5・7　複合形保護継電器の例

3 中央監視室での監視制御

中央監視室での監視制御では，グラフィックパネルや産業用コンピュータを利用した液晶表示装置（LCD）などが使われる．グラフィックパネルやLCDには，高圧受電設備や自家用発電設備，UPS設備などからの設備状態信号，故障信号，計測・積算信号をリモートステーションで集約し，データ伝送路を介して伝達し，表示させる．また，監視制御装置からの操作信号は，データ伝送路，リモートステーションを介して高圧受電設備や自家用発電設備，UPS設備などに指令される．

産業用コンピュータ，LCD，プリンタ，グラフィックパネル，リモートステーションをまとめて監視制御装置と呼び，一般的な高圧受電設備の監視制御装置の構成例を図 **5・8** に示す．

グラフィックパネル，LCDは，混乱を避けるために表示色を統一し，遮断器などの状態表示は，投入状態を赤色，遮断状態を緑色とし，故障表示は，重故障を赤色文字，軽故障を橙色文字とする場合が多い．警報音の使い方も重故障はベル警報，軽故障はブザー警報とし，現場における監視制御とも同じにする配慮が必要である．

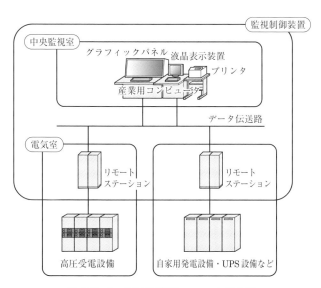

■ 図 5・8　監視制御装置のシステム構成 ■

5章 監視と制御

　監視制御装置のシステム機能は，大きく「監視機能」「表示機能」「操作機能」「自動制御機能」「データ記録・保存機能」「システム運用機能」に分類される．
　機能概要について，表5・1に示す．

表5・1 監視制御装置のシステム機能

監視機能

機能名称	機能概要
状態監視	遮断器の入／切などの各設備，機器の状態を監視する．
警報監視	各設備機器からの警報の発生／復帰を監視する．
動作監視	機器操作または自動制御出力に対し，機器の動作を監視し，一定時間内応動しない場合，あるいは指令出力と異なる状態に変化した場合，動作異常として警報を発する．
アナログ値妥当性監視	アナログ入力値が正常変化範囲を逸脱した場合，警報を発する．
アナログ値上下限監視	アナログ入力値に対し，上下限設定を行い，入力値が設定値を逸脱した場合，警報を発する．
設定値偏差監視	制御目標値と対応する計測値との偏差が上限値を逸脱した場合，警報を発する．関連機器停止中および起動あるいは設定値変更後一定時間は警報発生を禁止する．
機器稼働履歴監視	機器の運転時間・運転回数・故障回数を積算し，設定した値を超えた場合，ガイダンス出力する．
デマンド監視	使用電力量から，時限終了時の電力を予測し，デマンド目標値を超えるおそれがある場合，警報を発する．

表示機能

機能名称	機能概要
グラフィック画面表示	設備単位あるいはフロア単位の系統図・平面図上に，機器の状態・警報をシンボルの色変化・点滅で，計測値はディジタル値で表示する．
アラームウィンドウ表示	警報発生時，表示中の画面に関係なく，アラームウィンドウに警報発生時刻と内容を自動表示する．
ガイダンスウィンドウ表示	警報あるいは入／切などのイベントにガイダンス登録を行うことにより，該当イベント発生時，ガイダンスウィンドウにガイダンスメッセージを自動表示する．
ヒストリカルトレンド表示	計測値，ディジタル値の変化を時系列に記憶し，トレンド表示（折れ線表示）を行う．

操作機能

機能名称	機能概要
手動個別発停操作	機器発停，遮断器の入／切などの操作を行う．
札掛け操作	機器の保守点検時など，「操作禁止」「点検中」というように操作パネルに札を掛けるイメージで，ポイントごとに札掛け登録が行え，誤操作の防止として操作出力にインタロックをかける．

自動制御機能

機能名称	機能概要
スケジュール制御	グループごとに設定されたスケジュールに従い，自動発停制御を行う．
システム連動制御	スケジュール発停，あるいは警報・主機運転に対する関連機器の連動自動発停制御を行う．
デマンド制御	予測デマンド電力・契約デマンド電力から，超過電力を計算し，設定優先順位および遮断負荷使用電力により自動負荷遮断制御を行う．
無効電力制御	無効電力により，コンデンサの台数制御を行い，常に力率を適正に保つ．コンデンサ台数制御はサイクリック故障時自動飛越し制御を行う．
自家発負荷制御	停電時，自家用発電設備立上げに伴い，設定した優先順位に従い負荷制限制御を行う．

データ記憶・保守機能

機能名称	機能概要
メッセージ印字	発生した各種イベントメッセージ（警報の発生／復帰，機器状態変化，操作／設定内容など）を印字する．
日報・月報・年報印字	日報・月報あるいは年報を設定した時刻に一括印字する．
データ保存	日報・月報・年報用ファイルデータを外部メディアに保存し，任意に再表示，再印字可能とする．

システム運用機能

機能名称	機能概要
監視モード	通常の監視員がいる状態か，夜間などの無人状態かを設定する．
オペレーションレベル	オペレータに合わせてシステムの操作・設定・変更などを四つのレベルから選択することができ，パスワードにより操作権が取得できる．

4 遠隔での監視制御

　従来の監視制御は，ビル内や工場内の現場や中央監視室で行われていた．最近では，ビル群の一括監視，監視員の省力化，専門家による監視機能の委託などさまざまな面から，遠隔監視が検討され，実施されている．この遠隔監視制御を実現するためインターネットを活用している．

　遠隔監視には，このインターネット（Web）技術を用い，次のような形態がある．

(1) 遠隔監視室での監視・制御コンピュータで設備状態の監視，各種データのトレンド表示

(2) 管理者の自宅のコンピュータで異常データの確認,監視
(3) サービスセンタのコンピュータによる遠隔サービス
(4) 分散カメラサーバによる画像情報のWeb化と遠隔カメラ操作
(5) 管理部門のコンピュータへの各種サービス

図5・9にインターネット技術を利用したビル管理システムの構成例を示す.インターネットを利用するには,次のような問題もあり注意が必要である.
(1) ネットワークの運用管理が必要
(2) 外部からの不正アクセス対策やセキュリティ強化が必要
(3) 通信速度の保証がなく,データ伝送に遅延が起こる可能性がある

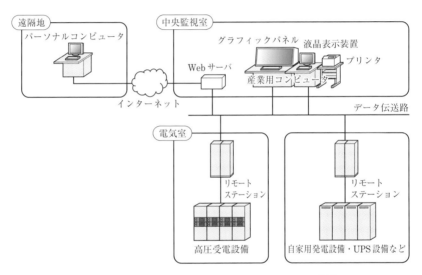

■ 図5・9　インターネットを利用したビル管理システムの構成 ■

5−3　監視制御装置と高圧受電設備のインタフェース

1　リモートステーションと現場設備とのインタフェース

高圧受電設備とのインタフェースにリモートステーションを用いる例を図5・10に示す.

5-3 監視制御装置と高圧受電設備のインタフェース

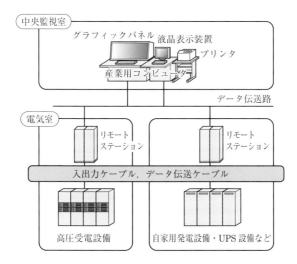

図5・10 リモートステーションと現場設備のインタフェース

現場の高圧受電設備の監視対象機器と監視制御装置のリモートステーションを接続する方法は，次の2通りがある．
① 信号1点ごとに信号線を接続する入出力ケーブルの利用
② データ伝送ケーブルの利用

入出力ケーブルの利用は，高圧受電設備が小規模，中規模で配線本数が少ない場合やリモートステーションとの距離が短い場合に有利であり，多くのサイトで採用されている．監視対象設備機器とリモートステーションとのインタフェースの代表として以下のものがあり，そのインタフェース例を**表5・2**に示す．
① 現場機器を入／切操作するためのリレー出力
② 状態表示，故障表示などのためのデジタル入力
③ 電力量などのパルス信号を入力するためのパルス入力
④ 電圧，電流など連続的に変化するアナログ信号を入力するためのアナログ入力
⑤ 変圧器などの温度を入力するための抵抗入力

高圧受電設備が大規模であり配線本数が多くなる場合や設備やリモートステーションとの距離が長い場合は，施工性，経済性などの観点からデータ伝送装置を用い，データ伝送ケーブルを利用することがある．

■ 表5・2 インタフェース例 ■

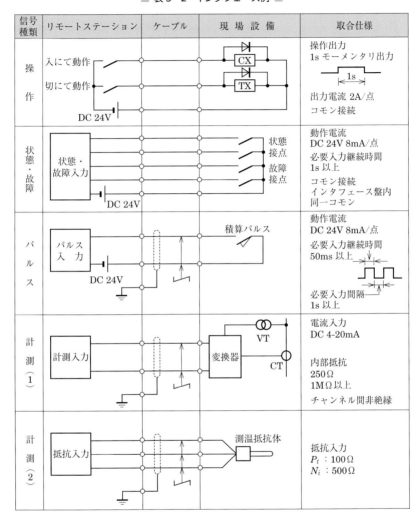

　従来，監視制御装置のデータ伝送装置やインタフェース仕様は，メーカ独自のものが多く相互に接続することができなかった．このため設備が複数のメーカのときには，それぞれに通信用のインタフェース装置が必要になり，データ伝送仕様やインタフェース仕様の確認に多くの時間と労力が必要であった．そのためデータ伝送仕様の標準化やオープン化が必要となり，**表5・3**に示すFL-net,

5-3 監視制御装置と高圧受電設備のインタフェース

■ 表5・3　データ伝送方式（例）■

データ伝送方式	概　要
FL-net	日本の自動車産業を中心とするFA（ファクトリーオートメーション）の分野で生まれた，プログラマブルコントローラ，数値制御装置，ロボット，パソコンなどを相互接続するオープンなネットワークの規格であり，具体的には，日本工業規格（JIS B 3521）と（社）日本電機工業会規格（JEM 1480，JEM-TR 213，JEM-TR 214）として制定されている．日本国内メーカ製の複合形保護継電器に多く採用されている．
Modbus	Modicon Inc.（AEG Schneider Automation International S. A. S.）がプログラマブルコントローラ用に開発した通信プロトコルであり，そのプロトコルの仕様が公開されているうえに，非常にシンプルであるため，FAなどの分野で広く使われている．海外メーカ製が中心であったが，近年，国内メーカ製の複合形保護継電器に採用されるようになってきた．
IEC 61850	この規格は，元来変電所内で使われる多数のベンダーが提供するインテリジェントな電子装置（IED：Intelligent Electronic Device）間の情報交換を標準化し，相互運用を達成するために制定されたものである．しかしながら，この規格で使用されている概念は，総括的で，電力産業の他の領域にも十分適用できるため，電力系統の運用管理におけるグローバルな通信基盤になる可能性があり，海外メーカ製を中心に複合形保護継電器に採用される例が見られるようになってきた．
LonWorks™	米国ECHELON社によって開発されたインテリジェント分散型のネットワークシステムに関するものであり，ビルおよび工場のオートメーション，ホームコントロール，電機／ガスのモニタリングなど，世界中の広い分野で使われている．国内では，高圧機器用は少ないが，低圧機器用に多く採用されている．

Modbus，IEC61850，LonWorks™ などが考案され，実用化されている．

　近年，高圧受電設備の保護，操作，故障，状態，計測の機能を1台にまとめた複合形保護継電器を採用する例が多くなり，複合形保護継電器に搭載されたデータ伝送装置を用いる例が見られるようになってきた．複合形保護継電器を採用する場合は，表5・3に示すような汎用的なデータ伝送方式に準拠したものを使うと接続しやすい．

2　中央監視室とリモートステーションのインタフェース

　中央監視室とリモートステーションの接続例を図5・11に示す．
　中央監視室のグラフィックパネル，産業用コンピュータと電気室のリモートステーションの接続には，データ伝送方式が用いられる．データ伝送には，従来，メーカ独自の方式が採用されていたが，ビル，工場内設備（電気設備，空調設備，照明設備，防犯・防災設備など）の監視制御において，より効率的な運用を行う

201

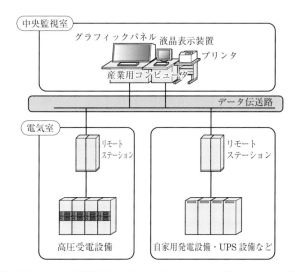

図5・11 中央監視室とリモートステーションのインタフェース

ために，それぞれの監視制御装置が持っている監視データの一部を共有することが求められるようになり，BACnet™(*)のようなオープンプロトコルが採用されている．

オープン化によるメリットには，次のようなものがある．
① 最適なコンポーネントでシステム構築が可能
② 管理の統合化が容易に実現
③ ライフサイクルコストの低減

標準化やオープン化が行われることにより，従来使われていた設備・システムのメーカ独自の仕様に対応した個別インタフェースが不要になり，空調設備，照明システム，電気設備，防犯・防災設備やエレベータなどさまざまな製品に関する各個別のメーカであっても，共通インタフェースを介してすべてに接続・監視できるマルチベンダ対応システムの構築が可能になった．

*…BACnet™（Building Automation and Control Network）
BA（Building Automation）と制御ネットワークのための通信プロトコル用標準化規格．ASHRAE（米国暖房冷凍空調学会）の後援を得て，1995年12月にANSI/ASHRAE規格135-1995として規格化された．

3 中央監視室と現場設備のインタフェース

　中央監視室と高圧受電設備，自家用発電設備・UPS設備などの現場設備との接続例を**図5・12**に示す．

　最近は，産業用コンピュータにリモートステーションのソフトウェアを統合し，リモートステーションを省き，複合形保護継電器からFL-net，Modbusなどのデータ伝送を介して，直接接続する構成も見られるようになった．

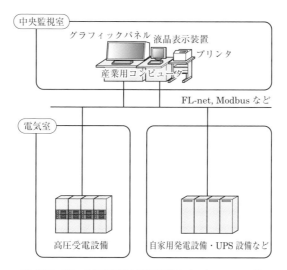

■ 図5・12　中央監視室と現場設備のインタフェース ■

5-4 高圧受電設備の制御

1 監視制御機能

　高圧受電設備における代表的な監視制御機能には，停復電制御，無効電力制御，電力デマンド監視制御などがある．

(a) 停復電制御機能

　商用電源が停電した場合，自家用発電設備を始動し，あらかじめ決めておいた

重要負荷に電力を給電する場合がある．

　一般に停復電制御は，補助継電器などを利用したシーケンス制御とコンピュータのソフトウェアにより行うコンピュータ制御などがあり，制御する対象範囲により使い分けを行っている．迅速で確実な動作を必要とし，かつ電気的保護連動部分は，シーケンス制御で行い，広範囲な設備を制御する場合は，コンピュータにより制御している．

　停復電制御は，商用電源の停電により自家用発電設備が始動し，負荷に電力を給電するまでの停電制御と，商用電源の復電で自家用発電設備を停止し，復電した商用電力により負荷に電力を給電する復電制御により構成され，それぞれあらかじめ決められたパターンにより遮断器などの順次投入，遮断を行う．

　図5・13の単線接続図を例に停復電制御のブロックダイアグラムの例を図5・14に示す．

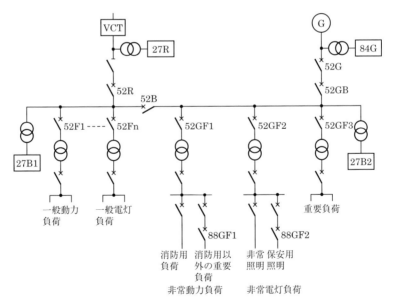

図5・13　単線接続図

5-4 高圧受電設備の制御

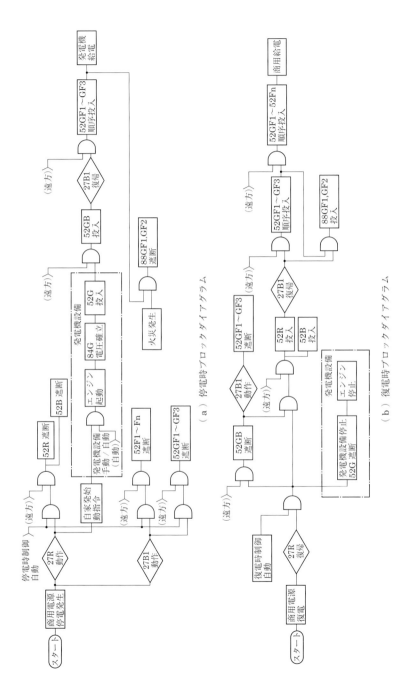

図5・14 停電復電時制御ブロックダイアグラム

(b) 無効電力制御

高圧受電設備は，照明設備などの高力率負荷や電動機などの誘導性負荷などさまざまな設備が系統に接続されており，一般に遅れ無効電力を発生し運用されている．力率が低下すると電圧降下や電力損失が大きくなる．このため電力会社などは需要家に対し力率の改善を促すため，力率85％を基準として力率改善分に対し基本料金の割引を行っている．需要家においては，力率を改善するために進相コンデンサを設置し，無効電力の量に応じ進相コンデンサを自動投入，遮断の制御を行っている．これが無効電力制御である．この無効電力制御機能を採用した場合の単線接続図と自動力率調整器の外観を図5・15に示す．

監視制御にコンピュータを利用する場合は，無効電力制御機能の内容をコンピュータのソフトウェアにより構築することもできる．

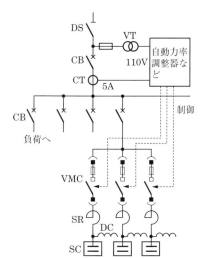

図5・15　単線接続図と自動力率調整器の外観

(c) 電力デマンド監視制御機能

高圧受電などの自家用需要家は，電力会社との間で最大需要電力契約を結んでおり，この最大需要電力を超えないよう負荷の調整を行うことが必要である．この最大需要電力を監視し負荷を制御する機能が，電力デマンド監視制御機能である．この機能は，受電電力量（パルス入力）を一定周期ごとに監視し，電力の使

5-4 高圧受電設備の制御

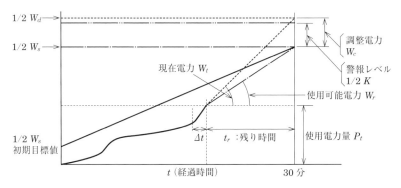

図5・16　最大需要電力制御曲線

用量を図5・16に示すように予測監視する．この図5・16は30分デマンド，演算周期（監視周期）1分の場合である．

図5・16において予測需要電力 W_d の推移線（点線）を契約電力 W_s に制御するためには残り時間 t_r の間に，現在電力 W_t を調整しなければならない．デマンドスタートから t 分経過した時点より前，Δt 分間に入力される受電点の単位電力量パルスの数から求めた現在電力を W_t，残り時間に使用可能な平均電力を使用可能電力 W_r とすると，調整電力 W_c は次式で求められる．

　　　調整電力 W_c = 現在電力 W_t − 使用可能電力 W_r

この調整電力 W_c があらかじめ設定した警報レベル K を超過している（$W_c > K$）時，契約電力を超過する恐れがあるため警報ガイダンスを出力する．またあらかじめ設定された優先度の低い負荷に対し，遮断指令を出力し電力が契約電力を超えないよう制御する場合がある．

2　制御の切換え

現場の高圧受電設備や監視盤に取り付けられる遠方／直接切換スイッチや手動／自動切換スイッチを組み合わせることにより，設備を効率的に運用することが可能となる．切換スイッチによるモードブロック例を図5・17に示す．

この例では，現場（監視制御対象に近い位置）での手動操作を優先し，遠方（監視制御装置側の監視制御対象に遠い位置）において手動操作，遠方自動操作の順に制御の切換えが構成されている．手動／自動の切換えは，現場，中央いず

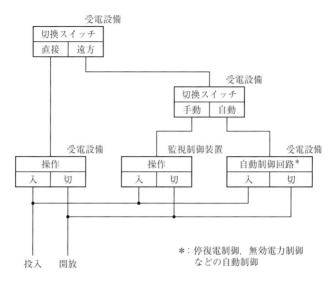

■ 図5・17 モードブロック図 ■

れにおいても制御切換えが行えるようにするなど操作内容，運用の仕方により工夫が必要である．

3 制御電源の考え方

　高圧受電設備などを正常に監視制御するためには，それらの機器を動作，表示させるための電源が必要となり，その電源のことを制御電源という．

(a) 制御電源の用途

　制御電源には，直流電源方式と交流電源方式がある．いずれの電源を採用するかは，制御機器側の条件，保守，経済性などを考慮して決めることになる．
　制御電源の用途は，以下のとおりである．
(1) 断路器，遮断器などの操作用
(2) 状態，故障などの表示用
(3) 保護継電器などの保護動作用
(4) 保護継電器，変換器などの補助電源
(5) 補機用電源
(6) 盤内灯，スペースヒータ用電源

(b) 直流電源方式

中大規模の高圧受電設備の制御電源には，一般的に直流電源方式が採用されている．通常は整流器により直流を作りその電源を表示や操作用電源に利用している．また，整流器の二次側に蓄電池を接続し常時充電している．直流電源方式を採用している最大の目的は，交流電源が停電した場合の制御電源の確保である．これにより商用電源が，停電から回復した時の遮断器の投入操作が可能となる．一般に直流電源の停電時における蓄電池の停電補償時間は，30分程度としている．

(c) 交流電源方式

(1) 操作用変圧器，整流装置，コンデンサ引外し装置　一般的に小容量の高圧受電設備では，蓄電池設備がないケースが多く，交流電源方式が採用されている．この場合，操作用変圧器を受電点に設置し，その二次側で整流装置により直流電源を作り，制御用電源に利用している．また，停電時の遮断器引外しには，コンデンサ引外し装置を取り付けて対応している．

遮断器の制御用に整流装置，コンデンサ引外し装置を適用した場合の操作回路の概要図を図 5・18 に示す．

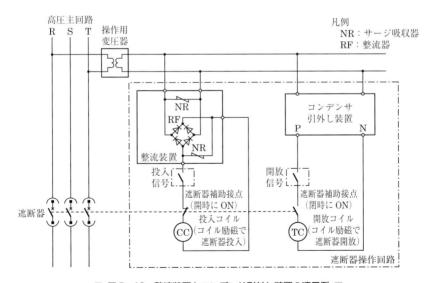

■ 図 5・18　整流装置とコンデンサ引外し装置の適用例 ■

(2) 無停電電源装置　　監視制御装置は，商用電源停電時においても確実な監視，制御，記録などの機能を維持することが必要である．監視制御装置を構成する機器は，直流電源または交流電源で動作する．特に，監視制御装置にコンピュータを採用する場合は，交流制御電源が必要となり，システム構成にあわせた容量の無停電電源装置を設置し対応する．

(d) 制御電源分割

　高圧受電設備などの保守，点検においては，制御電源もあわせて停止する場合がある．保守・点検の対象外である運転中の装置の制御電源を開放することがないよう，制御電源を分割することが必要である．したがって制御電源は，システム全体の点検範囲やシステムの運用パターンを明確にし，電源分割を決めることが重要となる．

5-5　監視室の計画

　電気，機械，空調，防災，照明設備などの設備の大規模化，複雑化とともに，管理，監視に関する情報量の増大，機能の高度化が進んでいる．このため，監視室における監視員と装置の役割分担が必要となる．監視制御装置にシステムの機能を十分に発揮させるためには，監視員の誤監視，誤操作などヒューマンエラーの発生しにくい適切な作業空間を提供しなければならない．

1　機器の設置とスペース

　監視室の機器のレイアウトは，監視，操作，保守などを行う場合において，室内行動に抵抗を感じさせないよう，余裕を十分にもった計画にすることが望ましい．

　操作卓からの視認性および操作性と室内照明を考慮したレイアウト例を図5・19に示す．

　監視制御装置の機器類の配置において，操作性，安全性，保守性，誘導障害などの防止などの観点より次のことに留意する必要がある．

(1) 監視制御装置の前後には，おのおの700 mm以上の保守スペースを設ける．
(2) 誤動作防止または電磁ノイズの影響を回避するため，電力関係の設備とは隔

5-5 監視室の計画

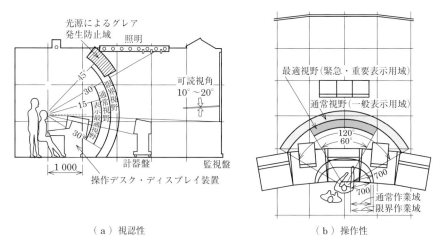

（a）視認性　　　　　　　　　　　　（b）操作性

図5・19　監視室のレイアウト

　　離する．
(3) 直射日光は，監視制御装置の局部的な温度上昇あるいは装置保護のうえで回避する．
(4) 機器の発生熱を排出できるよう換気設備または空調設備を設ける．監視室の空調は，他設備との影響を避けるため，極力単独系統とする．
(5) LCDなど映り込み防止の観点より，窓の位置，照明器具の配置に留意する．
(6) 中央監視室は，防火区画とすることが望ましい．

2　監視室の照明

　監視室は，設備の監視制御，保守点検，および一般事務などの事務処理を行う場所として，室内の多数の人に必要な作業照明を平等に与えることが必要である．
　各部の必要照度は，以下となる．
(1) 部屋の明るさ（四隅の平均）：約 600 lx
(2) 監視卓の水平照度　　　　　：約 700 lx
(3) 監視卓の鉛直面照度　　　　：300〜500 lx
(4) グラフィックパネル面照度　：300〜400 lx
(5) 事務机の照度　　　　　　　：監視卓の水平照度またはそれ以上

3 周囲環境

コンピュータには半導体素子が使用されており，温度，湿度などの周囲条件に十分注意しなければならない．

監視制御装置の環境基準は，社団法人電子情報技術産業協会の産業用情報処理・制御機器設置環境基準（JEITA IT-1004）において，耐環境性基準が定められている．

(a) 温度・湿度

システムの正常な運用，維持のため，温度・湿度は，機器および記録媒体で定められた範囲に維持されなければならない．

(1) 温度：10〜35℃

(2) 湿度：30〜80% RH

(b) ノイズ

(1) 電磁誘導（磁界）と静電誘導 電力線の周囲に生ずる磁界や，変圧器の漏れ磁束による磁界は，機器や部品の動作に影響を与えることがある．これらの対策には，電力線の各相電流を平衡させる，各相からの距離を等しくする，電力線を金属配管にするなどもあるが，最も効果的な対策は磁界発生源から離して設置することである．

(2) 電波（電界） 放送アンテナやレーダアンテナからの電波や，トランシーバの使用により影響を受けることがある．対策には，設置室のシールドや信号ケーブルのシールドおよび機器側電源ラインへのラインフィルタの挿入などがある．また，機器の扉やふたはシールド効果を持っているため，トランシーバを使用する際は，これらを閉めておくとよい．

(3) 雷 送配電系統に侵入する誘導雷の対策には，配電ケーブルを地中ケーブルとすることおよび機器側としては以下のものがある．

・受電端に避雷器またはサージアブソーバを取り付け，かつ接地抵抗を小さくする

・コンピュータシステムの接地極と避雷用接地極をできるだけ離す．

(c) 振動

ハードディスク装置や磁気ディスク装置は，特に振動に弱く，輸送時および設

置後の機器付近での工事において十分注意する必要がある．

(d) 塵埃

　塵埃は，コンピュータシステムの周辺装置，端末装置など可動部および接触部に対して悪影響を与えるほか，比較的密閉度の低い磁気媒体（磁気ディスクなど）の障害を起こす原因となる．

(e) 腐食性ガス

　コンピュータシステムに悪影響を与える腐食性ガスは，亜硫酸ガス，硫化水素ガス，一酸化炭素，塩素ガス，オゾンなどがあり，これらが予想される場合は，その影響を遮断した完全空調の機器室にする必要がある．

6章
据付けと配線工事

　高圧受電設備は，配電盤，変圧器，コンデンサ，非常用自家発電設備などで構成される．
　これらの設備機器を据え付ける際は，計画段階で耐震検討を行い，地震時の振動で水平移動や傾斜，転倒することがないよう施工する必要がある．また，変圧器から発生する振動が，設置階や上下階に影響を与える懸念がある場合，防振装置の採用を検討する．
　配線工事は，設置場所や配線ルートなどの条件により，ケーブルダクト，ケーブルピット，バスダクト，金属電線管などから最適な施工を選択する必要がある．

6-1 高圧受電設備の据付け

1 閉鎖配電盤の据付け

　閉鎖配電盤を据え付ける場合，水平レベルの調整を正しく行う必要がある．水平レベルが正しく調整されていない場合，配電盤にひずみが発生し，扉の開閉に支障をきたす恐れがある．

(a) チャンネルベースの据付け

　配電盤の基礎部となるチャンネルベースの据付けレベルは，水準器などで水平を確認し，据付け面の最も高いところを基準として，ライナ（高さレベルを調整するための，薄い形状をした金属板）で調整をする．据え付けるときの寸法精度を図 6・1 に示す．

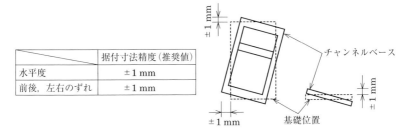

	据付寸法精度（推奨値）
水平度	±1 mm
前後，左右のずれ	±1 mm

図 6・1　チャンネルベースの寸法精度

(b) チャンネルベースの固定方法

　チャンネルベースの固定には，アンカボルトが一般に用いられている．アンカボルトの固定方法には，箱抜きアンカボルト方式と後打ちアンカボルト方式があるが，配電盤では後打ちアンカボルト方式が多く使用されている．表 6・1 に固定方法の概要を示す．

(c) 配電盤の据付け

　列盤面数の多い配電盤を据え付ける場合，最初に中心に位置する盤を据え付けて固定し，次に左右方向に両隣の配電盤を盤間の継ぎボルトで閉じながら，順次据え付ける．

6-1 高圧受電設備の据付け

表6・1 機器の固定方法

設定方法	参考図	主な据付機器	固定方法
箱抜きアンカボルト方式		変圧器，リアクトルなど	箱抜き部にアンカボルトを設定し，コンクリートを充てんする
テンプレート方式		ガス絶縁開閉装置，変圧器など	テンプレートを設定後，コンクリートを充てんし，テンプレートと機器架台を溶接またはボルトで固定する
後打ちアンカボルト方式	コンクリート上	配電盤，制御盤など	後打ちアンカボルトでチャンネルベースをコンクリートに固定する
	ピット内		ピット内に架台を設け，後打ちアンカボルトで固定する
	フリーアクセスフロア内	操作卓，コンピュータなど	フリーアクセスフロア内に架台を設け，後打ちアンカボルトで固定する

2 変圧器の据付け

　変圧器の据付けは，配電盤に収納する場合と，電気室の床面に直接据え付ける場合がある．配電盤に収納する場合，変圧器の故障などによる交換を考慮すると，車輪付きにして容易に引き出せる構造にしておくことが望ましい．

(a) 電気室床面に据付け

電気室床面に据え付ける場合，据付け面の水平レベルは3mm以内になるよう調整する．床面の固定方法は表6・1の箱抜きアンカボルト方式が一般的に多く用いられている．

(b) 引き出し型変圧器の固定方法

変圧器に車輪を設けて引き出せる構造にした場合の固定方法は，変圧器の固定座に盤の床面と固定ボルトで確実に固定する．保守点検で変圧器を引き出す場合は，この固定ボルトを外すことで容易に盤の外へ引き出すことができる．**図6・2**は車輪付きの固定方法を示す．

図6・2　車輪付きの固定方法

(c) 防振装置付変圧器の固定方法

変圧器の防振機器には，防振ゴムが広く採用されているが，用途によりスプリング式のものなどが採用されている．防振装置は変圧器の振動を低減させるために選定し，防振ゴムの場合の固定方法は前述の引き出し形と同様に実施する．その他，防振スプリング，防振架台などの固定方法については，収納盤などの構造検討により決定する．

3　非常用自家発電設備の据付け

非常用自家発電設備には，ディーゼル発電設備とガスタービン発電設備などがある．高圧受電設備ではキュービクル式のディーゼル発電設備が多く使用されている．

(a) 発電設備の総荷重

発電設備の基礎は，発電設備の自重以外に機関運転による加振力や振動が建物に有害な影響を与えないよう十分な強度を確保していることが必要である．一般

に，基礎設計時の発電設備の総荷重は，装置の静荷重に装置の発停時の最大荷重を加えた数値を採用する．

(b) 水平レベル

据付け時のレベルは，共通台床と基礎との間にライナで調整する．

(c) 発電設備の固定方法

発電設備のアンカボルトの固定方法は，箱抜きが一般的に多く採用されている．箱抜き方式の場合，アンカボルトを基礎に挿入後，ボルト穴に基礎と同じ配合のコンクリートを充填し，アンカボルトを固める．コンクリートが十分固まったところを確認後，共通台床とアンカボルトを固定する．

4 耐震設計

耐震については，日本建築センターの「建築設備耐震設計・施工指針」が1997年に改訂され，阪神・淡路大震災の経験により，耐震クラスが2種類であったのが，S，A，Bの3種類に分類された．さらに2005年には主として使用単位系が重力単位系からSI単位に変更されたことに基づき，指針内容の見直しが行われ，2014年には，東日本大震災の経験により，配管類の耐震支持方法や計算例，建築基準法関連事項等を見直し，より分かりやすく解説を加えて改訂されている．

機器を所定の場所に据え付けるとき，水平や垂直の地震力でアンカボルトがせん断や引き抜きに至り，機器の移動や傾斜，さらに転倒してしまうことのないよう，アンカボルトの本数やサイズを検討しておく必要がある．

なお，耐震クラスについては，設備の重要度に応じて設定され，公共建築協会の「官庁施設の総合耐震計画基準および同解説」に記載があるので参照する．

表 6・2 に設備機器の設計用標準震度を示す．

(a) 耐震設計の検討

耐震設計を行うときの，機器に作用する地震力の計算は，次式により求める．

・水平地震力 F_H（作用点は機器の重心位置）

$$F_H = Z \cdot K_s \cdot W \ [\text{kN}]$$

ここで，Z：地域係数（0.7〜1.0）

K_s：設計用標準震度（0.6〜2.0）

W：機器の重量〔kN〕

6章 据付けと配線工事

表6・2 設備機器の設計用標準震度

	建築設備機器の耐震クラス			適用階の区分
	耐震クラスS	耐震クラスA	耐震クラスB	
上層階,屋上および塔屋	2.0	1.5	1.0	塔屋／上層階
中間階	1.5	1.0	0.6	中間階／1階
地階および1階	1.0(1.5)	0.6(1.0)	0.4(0.6)	地階

( ) 内の値は地階および1階(あるいは地表)に設置する水槽の場合に適用する.

上層階の定義
・2～6階建ての建築物では,最上階を上層階とする.
・7～9階建ての建築物では,上層の2層を上層階とする.
・10～12階建ての建築物では,上層の3層を上層階とする.
・13階建て以上の建築物では,上層の4層を上層階とする.

中間階の定義
・地階,1階を除く各階で上層階に該当しない階を中間階とする.
・「水槽」とは,受水槽,高置水槽などをいう.

(出典)(一財)日本建築センター:建築設備耐震設計・施工指針 2014年版より

・鉛直地震力 $F_V = \dfrac{1}{2} F_H$〔kN〕

配電盤のアンカボルトの引抜力,せん断力の計算方法を図6・3に示す.

まず計算式によりアンカボルトの引抜力とせん断力を計算する.その際,幅方向と奥行き方向をそれぞれ計算する.

次に,建築設備耐震設計・施工指針で,各種アンカボルトの許容引抜力,許容せん断力の値を確認し,判定する.

アンカボルトの許容引抜荷重の一例として,表6・3に一般的な床スラブで接着系アンカボルトをあと施工する例について示す.

(b) 耐震対策のポイント

(1) 重心位置が高く薄型構造の配電盤などは,アンカボルトの固定だけでは,耐震対策が十分でない場合がある.その際は,支持鋼材で盤上部などを固定し補強する.また,壁際に据え付ける自立盤では壁面に固定し補強する.

(2) 重要な機器など特に耐震強度を高くする場合,基礎と構造躯体の鉄筋を溶接などで固定する方法を検討する.

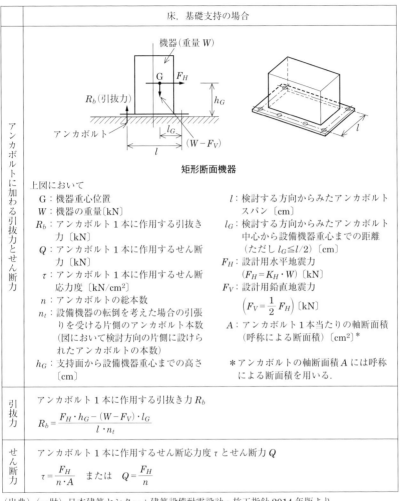

図6・3 配電盤のアンカボルト引抜力, せん断力

(3) 電源ケーブルなどを機器に引き込む際, 振動による変位を吸収できる余長を考慮する. また, バスダクトと接続する接続点には可とう導体を使用する.

■ 表6・3 アンカボルトの許容引抜荷重（例）
　一般的な床スラブ上面でのあと施工接着系アンカボルト

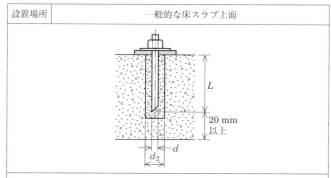

設置場所	一般的な床スラブ上面					
短期許容引抜荷重〔kN〕						
ボルト径 d (呼称径)	コンクリート厚さ〔mm〕				埋込長さ L 〔mm〕	穿孔径 d_2 〔mm〕
	120	150	180	200		
M10	7.60	7.60	7.60	7.60	80	13.5
M12	9.20	9.20	9.20	9.20	90	14.5
M16	—	12.0	12.0	12.0	110	20
M20	—	—	12.0	12.0	120	24
ボルトの埋込長さ (L) の限度〔mm〕	100	130	160	180		

注1. 上図において，上表の埋込長さおよび穿孔径の接着アンカボルトが埋込まれたときの短期許容引抜荷重である．
2. コンクリートの設計基準強度 F_c は，$1.8\,\text{kN/cm}^2\,(18\,\text{N/mm}^2)$ としている．
3. 各寸法が上図と異なる時あるいはコンクリートの設計基準強度が異なる時などは，堅固な基礎の計算によるものとする．ただし，床スラブ上面に設けられるアンカボルトは1本当たり，12.0 kN を超す引抜荷重は負担できないものとする．
4. $L \geq 6d$ とすることが望ましく，上表の−印部分は，使用しないことが望ましい．
5. 第一種，第二種軽量コンクリートが使用される場合は，一割程度裕度ある選定を行うこと．

（出典）（一財）日本建築センター：建築設備耐震設計・施工指針 2014 年版より

6-2 配線工事の計画

電線路を大きく分類すると,架空電線路,屋外電線路,屋上電線路,地中電線路および屋内電線路の5種類になる.高圧受電設備では地中電線路と屋内電線路が多く,電線路には絶縁電線,電力ケーブル,バスダクトなどが採用されている.

1 電力ケーブルの選定

電力ケーブルの選定は,電気設備技術基準,電気用品安全法,内線規程などにもとづいて選定を行う.選定を行う手順を図 6・4 に示す.

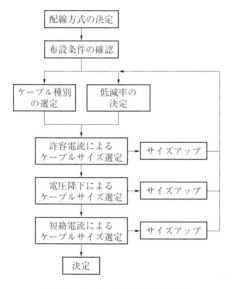

図 6・4 ケーブル選定の手順

(a) ケーブル種類の選定

高圧受電設備の主回路に用いる電力ケーブルの種類について一般的なものを表 6・4 に示す.

なお,消防用設備に電源供給する電力ケーブルや絶縁電線は,消防法施工規則や消防庁告示に,耐火電線や耐熱電線を使用することが定められている.具体的

6章 据付けと配線工事

表6・4 6 600 V 電力ケーブルの種類

用途	ケーブル種類	記号	適用ケーブルサイズ
主回路	6 600 V 架橋ポリエチレン絶縁ビニルシースケーブル	CV	8～1 000 mm^2
	6 600 V トリプレックス形 架橋ポリエチレン絶縁ビニルシースケーブル	CVT	22～600 mm^2
	6 600 V 架橋ポリエチレン絶縁難燃性ポリエチレンシースケーブル	FP	8～1 000 mm^2
	6 600 V トリプレックス形 架橋ポリエチレン絶縁難燃性ポリエチレンシースケーブル	FPT	22～600 mm^2
	6 600 V 架橋ポリエチレン絶縁耐燃性ポリエチレンシースケーブル	EM	8～600 mm^2
	6 600 V トリプレックス形 架橋ポリエチレン絶縁耐燃性ポリエチレンシースケーブル	EM	22～600 mm^2

には，非常電源設備から消火栓設備，スプリンクラー設備，自動火災報知器，排煙設備，誘導灯，放送設備や非常コンセントなどに対して使用が義務づけられている．

(b) 布設条件による許容電流の低減率の確認

　ケーブルの布設条件によっては放熱が悪くなるため，ケーブルの許容電流が低減する．これを低減率といい，空中布設時または暗きょ布設時の許容電流に低減率を掛け，この値と電路の最大電流，定格電流と比較し，選定する．
　表 **6・5** に多条布設低減率を示す．

表6・5 多条布設低減率表

条数 配列 中心間隔	電源低減率								
	1	2	3	5	4	6	8	9	12
$S = d$	1.00	0.85	0.80	0.70	0.70	0.60	−	−	−
$S = 2d$		0.95	0.95	0.90	0.90	0.90	0.85	0.80	0.80
$S = 3d$		1.00	1.00	0.95	0.95	0.95	0.90	0.85	0.85

(c) 許容電流によるケーブルサイズ選定

電路に流れる定格電流や過負荷を考慮した最大電流を許容できるケーブルサイズを選定する．定格電流の算出は，**表6・6**の算出式で求める．

■ 表6・6　定格電流算出式 ■

求めるもの	わかっているもの	直流	単相交流	三相交流
I [A]	P [kW]	$\dfrac{1\,000 \times P\,[\text{kW}]}{V}$	$\dfrac{1\,000 \times P\,[\text{kW}]}{V \times \cos\theta}$	$\dfrac{1\,000 \times P\,[\text{kW}]}{\sqrt{3} \times V \times \cos\theta}$
I [A]	S [kVA]	―	$\dfrac{1\,000 \times S\,[\text{kVA}]}{V}$	$\dfrac{1\,000 \times S\,[\text{kVA}]}{\sqrt{3} \times V}$

P：有効電力　S：皮相電力　V：電圧　$\cos\theta$：力率

(d) 電圧降下の確認

ケーブルのこう長が長い場合，線路インピーダンスが高くなり，線路端の電圧降下が大きくなる．そのため，**表6・7**に示す電圧降下算出式で計算し，線路端の電圧が負荷設備の入力電圧範囲内であることを確認する．範囲を外れた場合，ケーブルサイズを大きくすることなどで電圧降下を小さくし，負荷設備に支障が生じないことを確認する．

■ 表6・7　電圧降下算出式 ■

求めるもの	電圧降下 [V]	備考
直流 単相2線式	$e = 2 \times Z \times I \times L$	$Z = R\cos\theta + X\sin\theta$ R：導体実効抵抗 X：リアクタンス $\cos\theta$：力率
単相3線式 三相4線式	$e = Z \times I \times L$	
三相3線式	$e = \sqrt{3} \times Z \times I \times L$	

e：線間電圧降下 [V]　　　　　　L：線路長 [km]
Z：線路インピーダンス [Ω/km]　I：線路電流 [A]

(e) 短絡電流によるケーブルサイズの選定

短絡事故が発生した時，回路保護として短絡電流を保護継電器で検出し，遮断器で遮断するまでの間，導体に短絡電流が流れる．この短時間の短絡電流に耐えられるようケーブルサイズを選定する．同一母線のフィーダでは定格電流が違っても短絡電流は同じになるため，短絡電流から選定したケーブルサイズを最小

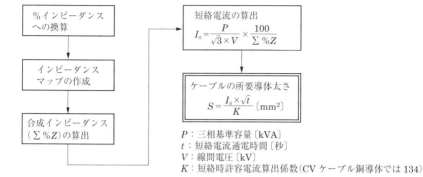

図6・5 最小ケーブルサイズの選定手順

ケーブルサイズとして，これ以上のケーブルサイズを選定する．最小ケーブルサイズの選定手順を図6・5に示す．

2 制御ケーブルの選定

制御・計装・通信回路に用いるケーブルの種類について一般的なものを**表6・8**に示す．

一般的な制御回路に使用するケーブルサイズは，表6・8のとおりであるが，変成器（VT，CT）の二次回路や制御電源回路については，次の点を考慮してケーブルサイズを決定する．

(a) 計器用変圧器（VT）二次ケーブル

二次側に接続される計器や保護継電器などの負担および結線方式により，ケーブルインピーダンスが許容範囲となるようにケーブルの片道抵抗値を求め，この値によりサイズを選定する．

(b) 変流器（CT）二次ケーブル

変流器二次ケーブルは，適用するCTの定格負担より小さくなるように選定しなければならない．ケーブルに接続される計器や保護継電器など含めた負担を算出し，総合的に検討する．

ケーブルのこう長が長く負担が大きくなる場合は，次の計算式においてケーブルの片道抵抗を変化させて計算し，ケーブルサイズを選定する．

$$P \geqq I^2 Z + I^2 KR$$

ここで，P：CTの定格負担〔VA〕，I：CTの二次定格電流〔A〕，Z：計器と継電器の合成インピーダンス〔Ω〕，R：ケーブルの片道抵抗〔Ω〕，K：定数（単相2線式：2，三相4線式：1，三相V結線：$\sqrt{3}$）

■ 表6・8 制御・計装・通信ケーブルの種類 ■

用途	ケーブル種類	記号	適用ケーブルサイズ
制御用	600V制御用ビニル絶縁ビニルシースケーブル	CVV	$1.25\,\text{mm}^2 \sim 5.5\,\text{mm}^2$
	600V二種ビニル絶縁電線（耐熱電線）	HIV	$1.6\,\text{mm} \sim 2.6\,\text{mm}$ $2\,\text{mm}^2 \sim 5.5\,\text{mm}^2$
	600V絶縁耐燃性ポリエチレン絶縁電線	EM	$1.6\,\text{mm} \sim 2.6\,\text{mm}$
	耐火電線（消防庁告示第3号に定められたもの)		
	耐熱電線（消防庁告示第4号に定められたもの)		
計装用	600V制御用ビニル絶縁ビニルシースケーブル（シールド付）	CVV-S	$1.25\,\text{mm}^2 \sim 3.5\,\text{mm}^2$
	計装用ポリエチレン絶縁ビニルシースケーブル	KPEV	$0.5\,\text{mm}^2 \sim 1.25\,\text{mm}^2$
	計装用ポリエチレン絶縁ビニルシースケーブル（シールド付）	KPEV-S	$0.5\,\text{mm}^2 \sim 1.25\,\text{mm}^2$
通信用	通信用ポリエチレン絶縁ビニルシースケーブル（シールド付）	CPEV-S	$0.65\,\text{mm} \sim 1.2\,\text{mm}$
	LANケーブル	カテゴリー5	―
	光ファイバケーブル	GI SM	―

(c) 制御電源回路

制御電源の用途には，遮断器の投入，引外し，状態表示，制御，盤内照明やコンセント回路などがある．ケーブルのこう長が長く電圧降下の影響がある場合は，ケーブルの電圧降下を計算して，許容電圧範囲内になるようケーブルサイズを選定する．

6-3 施工上の留意点

配線工事は配線路および機器類の据付けがほぼ完了したときに布設工事を始めるのが一般的である．設置場所や配線ルートなどにより，ケーブルピット，ケー

ブルラック，金属電線管などの種類がある．

1 施工方法の特徴

配線路の施工には，屋外配線路と屋内配線路があるが，最も施工が多い屋内配線路の特徴，適用，要領について**表6・9**に示す．

2 ケーブルラック

ケーブルラックは，施工性や経済性から広く採用されている．ケーブルラックの配線工事の留意点を以下に示す．
(1) 動力ケーブルは2段積みとし，その他制御計装ケーブルにおいては，3段積みを目安とする．
(2) ラックを段積みにする場合，施工時および保守時容易に作業ができる程度の離隔をとる．
(3) ケーブルラック支持材の材質は，ケーブルおよびラックの質量と布設ルートの環境により選定する．
(4) ラックの支持間隔は，一般に1.5～2mとする．また，配電盤への立下げ時のケーブル曲げ半径を考慮した高さ位置とする．

3 ケーブルダクト

ケーブルダクトは，障害物などからケーブルを保護したい場合に採用される．ケーブルダクト工事の施工上のポイントとして以下の項目がある．
(1) ケーブルダクト内でケーブルの接続点を設ける場合には，容易に点検が可能な点検口を設ける．
(2) ダクトの蓋は，容易に外れないようビスなどにより固定する．
(3) 電力用と制御用を共用するケーブルダクトは，セパレータ（鉄板）などで分離する．
(4) ケーブルダクトの接地は，見える位置で行う．また，図面上に記載する．
(5) 万一，水などが侵入しても問題とならないよう，水抜き用の穴を設ける．

6-3 施工上の留意点

■ 表6・9　屋内配線路の特徴と運用 ■

項　目	材　質	特　徴	適　用	配線要領 配線方法	配線要領 備　考
ケーブルピット	コンクリート	建築と同時施工 耐候性大	区別された箇所に最適	高圧低圧，制御信号各ケーブルごとに隔離または分離する	増設など将来分の配線経路を十分に考慮すること
ケーブルラック	アルミ	軽量高能率 耐候性大 美麗	一般用として最適	高圧，低圧，制御信号各ケーブルごとに隔離または段を分ける	床，壁開口は（基本的に）建築施工時に考慮すること
ケーブルラック	スチール	普及品としてすべての面である程度まで良好	通常状態ではどこでも使用可	高圧，低圧，制御信号各ケーブルごとに隔離または段を分ける	床，壁開口は（基本的に）建築施工時に考慮すること
ケーブルラック	亜鉛めっき	耐候性大 粉じんその他に強い	屋外海浜地区に最適	高圧，低圧，制御信号各ケーブルごとに隔離または段を分ける	床，壁開口は（基本的に）建築施工時に考慮すること
ケーブルラック	ステンレス	耐候性大	有毒ガスなどの特殊箇所に使用	高圧，低圧，制御信号各ケーブルごとに隔離または段を分ける	床，壁開口は（基本的に）建築施工時に考慮すること
ケーブルダクト	ケーブルラックと同様	同左	同左	ケーブルピットと同様	同左
電線管	鋼管	普及品としてすべての面である程度まで良好	通常状態ではどこでも使用可	高圧，低圧，制御，信号各ケーブルごとに完全分離する	―
電線管	塩ビ	軽量高能率 加工性大 紫外線に対しやや難	耐湿性を要する箇所に最適	高圧，低圧，制御，信号各ケーブルごとに完全分離する	―
電線管	PEライニング	耐候性大 美麗	耐薬品耐湿性を要する箇所に最適	高圧，低圧，制御，信号各ケーブルごとに完全分離する	―
可とう管	ビニル被覆付金属製可とう電線管	高性能高能率 耐候性大 美麗		電線管と同様	―
可とう管	金属製可とう電線管	高性能高能率 耐候性大	通常状態ではどこでも使用可	電線管と同様	―
可とう管	合成樹脂製可とう電線管	高性能高能率 耐候性大	通常状態で使用可	電線管と同様	―
フリーアクセスフロア	アルミ	建築と同時施工	データセンタなどに適用	ケーブルピットと同様	配線がしやすい
フリーアクセスフロア	ガラス繊維強化セメント	建築と同時施工	データセンタなどに適用	ケーブルピットと同様	配線がしやすい

4　金属電線管

　金属電線管は，ケーブルラックからの立下げや，ピットからの分岐配線などに採用される．金属電線管工事の施工上のポイントとして以下の項目がある．
(1) 管の屈曲半径は，内径の6倍以上とし，管の断面を変形しないように施工する．
(2) 管の屈曲角度は，1か所90度以下とし，1区間の屈曲箇所は3か所以内とする．
(3) 管の全長が30 m以上の場合は，適当な箇所にプルボックスまたはジョイントボックスを設ける．

5　ケーブルピット

　ケーブルピットは，建屋構造または美観を考慮する場合に採用される．ケーブルピットの配線工事のポイントを以下に示す．
(1) ピット配線布設方法は，原則としてケーブルを引き流しで施工する．
(2) ピットの深さ，幅はケーブルの曲げ半径や，将来計画を考慮する．
(3) 一般には，動力用と制御用ピットは別々に施工するが，同一ピット内に電力用と制御用を共用するときは，セパレータ（鉄板）で分離する．

6　バスダクト

　バスダクトは，大電流容量の幹線に採用される．バスダクト工事のポイントとして以下の項目がある．
(1) 施工計画時に，建屋と機器の取り合い位置・寸法確認を十分に行う．
(2) 水平バスダクトの支持間隔は，2 m程度とし，機器の接続部に荷重が集中しないよう考慮する．また，適当な間隔に振れ止めを設ける．
(3) 変圧器など振動の発生が予測される機器との接続箇所にはフレキシブル導体を使用して，振動がバスダクトに伝搬しないよう考慮する．
(4) 導体締付完了後は，チェックマークをつけ，ボルト締付検査記録表で管理を行う．

6-4 接地工事

1 接地の目的

接地は，人に対する保護と電気設備または，建築物への障害，災害を防止するための保安処置として重要であり，以下のように大別している．

(a) 機器に施す接地

機器に施す接地は，機器の絶縁劣化や損傷などにより流れる地絡電流を大地に導き，機器の対地電圧の上昇を抑制することで，感電防止を目的としたものである．

(b) 電路に施す接地

高圧と低圧との混触による異常電圧を抑制し，機器の損傷による火災や感電を防止する目的に施す接地である．

2 接地工事の種類

接地工事は**表6・10**に掲げる4種類があり，各接地工事における接地抵抗値は，電気設備技術基準の解釈第17条により，同表に掲げる値以下に保たなければならないと規定されている．また，接地線の太さについても，解釈第17条で規定されており，最小太さは必ずしも要求されていないが，事故時の接地線電流や通常の使用状態で断線しないことを検討し選定しなければならない．

3 接地工事の工法

接地工事の工法は，接地の種類，接地抵抗目標値，大地抵抗率，用地面積，埋設物設置状況などを検討し，適切な施設工法を選定する．一般的な接地工事の工法比較を**表6・11**に示す．接地棒打込み工法と接地板埋設工法が広く使用されている．

表6・10 接地工事の種類と接地線の太さ

接地工事の種類	接地抵抗値	接地線の最小太さ（銅線の場合）				
A 種	10Ω以下	一般（避雷器を除く．）				2.6 mm (5.5 mm²)
		避雷器				14 mm²
B 種	$\left[\dfrac{150}{\text{変圧器高圧側電路の1線地絡電流}}\right]$ 以下 （ただし，変圧器の高圧側の電路と低圧側の電路との混触により低圧電路の対地電圧が150Vを超えた場合に，1秒を超え2秒以内に自動的に高圧電路を遮断する装置を設けるときは，「150」は「300」に，1秒以内に自動的に高圧電路を遮断する装置を設けるときは，「150」は「600」とする．）	変圧器の一相分の容量 [kVA]	100V級	200V級	400V級	
			5まで	10まで	20まで	2.6 mm
			10	20	40	3.2 mm
			20	40	75	14 mm²
			40	75	150	22 mm²
			60	125	250	38 mm²
			75	150	300	60 mm²
			100	200	400	60 mm²
			175	350	700	100 mm²
C 種	10Ω以下					1.6 mm
D 種	100Ω以下					

〔備考1〕「変圧器一相分の容量」とは，次の値をいう．
 (1) 三相変圧器の場合は，定格容量の1/3 kVAをいう．
 (2) 単相変圧器同容量の△結線または人結線の場合は，単相変圧器の1台分の定格容量をいう．
 (3) 単相変圧器V結線の場合
  イ　同容量のV結線の場合は，単相変圧器の1台分の定格容量をいう．
  ロ　異容量のV結線の場合は，大きい容量の単相変圧器の定格容量をいう．

〔備考2〕一つの遮断器で保護される変圧器が2バンク以上の場合，「変圧器一相分の容量」は各変圧器に対する〔備考1〕の容量の合計値とする．

〔備考3〕単相3線式の場合は，200V級を適用する．

〔備考4〕B種接地工事の場合，埋込みまたは打込み接地極によるときは，この接地極が他の目的の接地又は埋設金属体と連絡しないものでは，銅14 mm²（変圧器を電柱上またはピラー内に施設するものでは，銅2.6 mm）よりも太いものを用いなくてもよい．

〔備考5〕C種およびD種接地工事の接地線の太さについては，JEAC 8001「内線規程」第1350節3条を参照のこと．

〔備考6〕B種接地工事の接地線太さの算出根拠の基礎については，JEAC 8001「内線規程」資料1-3-6を参照のこと．

■ 表6・11 接地工事の工法比較 ■

接地工法	接地抵抗	使用敷地	その他
メッシュ布設	同一の接地抵抗を得るためには最も有利である 土壌の掘削困難な場合，深さにあまり影響されない工法である	狭い用地ではあまり低い抵抗値は求めにくい 広い敷地，一辺50m以上程度の場合，経済的な工法である	接地電流を分流するので電位傾度を比較的少なくできる したがって電撃，高電圧の放電に適し，危険度が少ない
接地棒打込み	深埋するほど，径が太いほど，抵抗値は低減する 地下4mまでになると2mにくらべて1/2以下となる 接地棒の先端が土壌抵抗率ρの少ない地層（たとえば水分を多く含んだ砂利層）に達すると急激に低下することがある 打込みであるため土工量少なく比較的経済的である	狭い用地で抵抗値が得られる 電流密度の関係から良好な接地が得られないとき多数の併列使用を要し，必ずしも銅板埋設に比べて経済的にならない場合もある	メッシュ布設，銅板埋設に比べて経済的である
放射状埋設地線	メッシュ布設と傾向は同じである 抵抗値は接地線の長さにほぼ反比例する メッシュ布設の変形と考えられる	相当範囲にわたり接地線を埋設する メッシュ布設よりは狭い	鉄塔接地に多く適用される
建築物接地	低い接地抵抗が容易に得られる 電気的に接続さえすれば抵抗値が保てるから工事が簡単にできる	敷地の問題はなく，大体100Ω以下が得られ3Ω以下となることが多い ただし利用について，建屋管理者と打合せその承諾を得なければならない	
接地板埋設	接地抵抗値は深く埋設するほど，効果が現れるので，土工量が多く，接地銅極板も安くない	接地棒打ち込みと同様に狭い面積で接地抵抗を得ることができ，中小容量変電所工事には接地棒より許容電流，抵抗値などが優れている点で採用されている	1枚でなく数枚に分けて並列接続にして抵抗を得る方がよい

4 接地極埋設工事

接地極埋設工事を行うときの留意点を以下に述べる．

(1) 人が触れる恐れのある場所に敷設する接地極は，地下 75 cm 以上の深さに，鉄柱などの金属体から 1 m 以上離して埋設し，地下 75 cm から地表上 2 m までの接地線は，電気用品安全法に適合した合成樹脂管，またはこれと同等以上の絶縁効力および強さのもので覆う．
(2) 接地極に鉄管を使用する場合は，外径 25 mm 以上，長さ 0.9 m 以上の亜鉛めっきガス鉄管または厚鋼電線管であること．鉄棒を使用する場合は，直径 12 mm 以上，長さ 0.9 m 以上の亜鉛めっきを施したものとする．
(3) 接地線は，切断される恐れのない場所に布設する．
(4) 複数の接地極を配置する場合は，接地極相互間を 3 m 以上離すことが望ましい．
(5) 接地極板埋設位置地表部には，所定の接地極埋設標を設置する．接地極板埋設位置が道路などで埋設標の設置が不可能な場合は，近傍の目立つ位置に設置する．

5 接地工事の留意点

(a) B 種接地工事の接地線

B 種接地工事の接地線は，A，C または D 種接地工事と接地極の共用または接地線との接続はしてはならない．これは，万一地絡が発生したとき，健全な機器の対地電位が上昇して，機器の損傷や感電することを防止するためである．一方，IEC の接地方法を取り入れられているので，適用時には確認が必要である．

(b) ケーブルのシールド接地と零相変流器（ZCT）施設の注意

高圧回路で，地絡保護検出用の貫通形零相変流器（ZCT）を施設するとき，ZCT をケーブルの電源側に設置するときと，負荷側に設置するときでシールド接

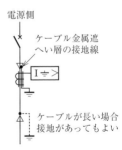

■ 図 6・6 シールド接地の正しい取り方 ■

表6・12 接地工事に関する技術基準

規　定	その他
接地極は地下75cm以上の深さに埋設すること	電気設備技術基準の解釈第17条
接地線を鉄柱その他の金属体に沿って施設する場合は，接地極を鉄柱の底面から30cm以上の深さに埋設する場合を除き，接地極を地中でその金属体から1m以上離して埋設すること	同　上
接地線には，絶縁電線（屋外用ビニル絶縁電線を除く）又は通信用ケーブル以外のケーブルを使用すること，ただし，接地線を鉄柱その他の金属体に沿って施設する場合以外の場合には，接地線の地表上60cmを超える部分については，この限りではない	同　上
接地線の地下75cmから地表2mまでの部分は，電気用品安全法の適用を受ける合成樹脂管（厚さ2mm未満の合成樹脂製電線管およびCD管を除く）またはこれと同等以上の絶縁効力及び強さのあるもので覆うこと	同　上
A種接地工事またはB種接地工事に使用する接地線を施設してある支持物には，避雷針用地線を施設しないこと	同　上
高圧および特別高圧の電路に施設する避雷器には，A種地工事を施すこと	電気設備技術基準の解釈第37条
地中に埋設され，かつ，大地との間の電気抵抗値が3Ω以下の値を保っている金属製水道管路は，これをA種接地工事，B種接地工事，C種接地工事，D種接地工事，その他の接地工事の接地極に使用することができる	電気設備技術基準の解釈第18条
高圧計器用変成器の二次測電路には，D種接地工事を施すこと 特別高圧計器用変成器の二次側電路には，A種接地工事を施すこと	電気設備技術基準の解釈第28条
高圧電路または，特別高圧電路と低圧電路を結合する変圧器の低圧側の中性点には，B種接地工事を施さなければならない	電気設備技術基準の解釈第24条
電路に施設する機械器具の鉄台および金属製外箱には，次の表の左欄に掲げる機械器具の区分に応じ，それぞれ同表の右欄に掲げる接地工事を施さなければならない | 機械器具の区分 | 接地工事 | |---|---| | 300V以下の低圧用のもの | D種接地工事 | | 300Vを超える低圧用のもの | C種接地工事 | | 高圧用または特別高圧用のもの | A種接地工事 |	電気設備技術基準の解釈第29条
同じ箇所に2種類以上の接地工事を施す場合は，接地抵抗値の低い方の接地工事で他の接地工事を兼用することができる	内線規程1350-12
接地工事の接地線には，緑色の標識を施さなければならない	内線規程1350-15
電灯，電力用および弱電流用の接地極ならびに接地線は，避雷針用の接地極および接地線より2m以上離して施設しなければならない	内線規程1350-16

※なお，これらの条項には，ただし書きや，特例条項があるので，適用の際は，本条文を参照すること

地の施設方法が異なる．図 6・6 はケーブルの電源側に接地工事を行う例で，この場合接地線を ZCT に貫通させないと，ケーブル事故時の検出が不能となる．

(c) 接地に関する基準

電気設備技術基準，内線規程に定められている接地工事に関する基準を表 6・12 に示す．

6 - 5　機器の配置と電気室の大きさ

高圧受電設備を電気室に配置する場合，施工，運用，保守点検を考慮したスペースを確保しなければならない．また，将来の増設や更新計画に対応できるよう，あらかじめ電気室の大きさや機器の配置を検討しておくことが重要である．

1　電気室の場所

(1) 電源ケーブルの引込み位置は，電力会社と事前に協議して送電線から引き込みやすい場所に計画する．
(2) 負荷設備に近い場所で，ケーブル配線経路が容易に確保できることが望ましい．
(3) 重量物の機器などを納めるため，機器の搬入や搬出が容易な場所とする．
(4) 機器の絶縁劣化を防止するため，粉じん，湿気や温度変化が少なく，また有害な腐食性ガスなどがない場所とする．

2　電気室の機器配置

高圧受電設備の機器配置を決めるにあたって考慮すべきポイントとして以下の項目がある．また，電気設備技術基準や消防法，高圧受電設備技術指針などに設備機器との保有距離が示されている．表 6・13 に火災予防条例で必要とする保有距離を示す．

(1) 経済性を考慮して，引込みと負荷設備へのケーブル配線が，できるだけ短距離となるように配置を決める．
(2) 高圧・低圧ケーブル，制御ケーブルなどが容易に分離でき，ケーブルの交差を避けるために，電圧または種類の異なる機器をそれぞれまとめて配置する．

(3) 変圧器，遮断器などが容易に引き出すことが可能で，保守点検がしやすい点検通路を確保できる配置とする．
(4) 機能性，操作性，監視性を損なわないために，電気室内の照明器具の位置，空調ダクトや配管などの位置を考慮する．
(5) 将来の増設，更新計画に支障をきたさないように，将来スペースを考慮する．
(6) 機器の搬入や搬出などが容易に行えるよう通路を確保しておく．

表6・13　変電設備などの保有距離（東京都火災予防条例施行規則第4条）

種類	保有距離を確保する部分		保有距離
変電設備	配電盤	操作を行う面	①1.0m 以上 ②1.2m 以上：操作を行う面が互いに面する場合
		点検を行う面	0.6m 以上（点検に支障とならない部分は除く）
		換気口を有する面	0.2m 以上
	変圧器，コンデンサ，その他これらに類する機器	点検を行う面	①0.6m 以上 ②1.0m 以上：点検を行う面が互いに面する場合
		その他の面	0.1m 以上
発電設備	発電機および内燃機関	周囲	0.6m 以上
		相互間	1.0m 以上
	操作盤	操作を行う面	①1.0m 以上 ②1.2m 以上：操作を行う面が互いに面する場合
		点検を行う面	0.6m 以上（点検に支障とならない部分は除く）
		換気口を有する面	0.2m 以上
蓄電池設備	充電装置	操作を行う面	1.0m 以上
		点検を行う面	0.6m 以上
		換気口を有する面	0.2m 以上
	蓄電池	点検を行う面	0.6m 以上
		列の相互間	①0.6m 以上 ②1.0m 以上：架台などに設ける場合で，蓄電池の上端の高さが床面から1.6mを超える場合
		その他の面	0.1m 以上：単位電そう相互間を除く

7章 現地試験・検査と保全

　電気設備においては，製作工場で十分な試験検査を実施しているが，システム機能試験やケーブルを含めた絶縁抵抗試験，絶縁耐力試験など現地でなければできない試験検査もある．

　現地で必要とする試験検査と内容，具体的な試験方法，検査などが重要となる．

　電気設備の運用開始後は，異常なく長期にわたって効率的な運用をはかるために，日常の巡視点検と定期点検を継続的に実施することで，異常状態を早期に発見し，補修することが非常に重要である．

7-1 現地試験の項目と内容

現地で実施する試験項目には，外観検査，接地抵抗測定，絶縁抵抗測定，絶縁耐力試験，保護装置試験などがあり，各々の試験についてその内容と判断基準を以下に示す．

1 外観検査

電気設備の設置が工事計画に沿って問題なく行われ，電気設備技術基準（以下，電技という）や高圧受電設備規程に適合していることを施工図，外形図，接続図などと照らし合わせ，目視で確認する．また，損傷，変形，漏油，腐食，傾斜，異臭，過熱，変色，端子のゆるみなどがないことも目視で確認する．

2 接地抵抗測定

接地方法に応じて，接地抵抗値を測定する．接地抵抗値は電気設備技術基準の解釈（以下，電技解釈という）第17条で規定された値以下であることを確認する．
(1) A種接地工事：10〔Ω〕以下
(2) B種接地工事：$150/I_g$〔Ω〕以下
　　　　　　　ここで，I_g：当該変圧器の高圧側の電路の1線地絡電流
　注）B種接地抵抗値は設置条件により異なるため，電力会社に照会をすること．
(3) C種接地工事：10〔Ω〕以下
(4) D種接地工事：100〔Ω〕以下

3 絶縁抵抗測定

低圧電路については，電技第58条に規定された値以上であることが明記されている．表7・1に低圧電路の絶縁抵抗値を示す．

高圧電路については，低圧のように具体的な数値規定はなく，大地および他の電路と絶縁されていることが確認できることと定義されている（高圧受電設備規程）．

表7・1 低圧電路の絶縁抵抗値

電路の使用電圧		絶縁抵抗値
300 V 以下のもの	対地電圧 150 V 以下	0.1 MΩ 以上
	対地電圧 150 V 超過	0.2 MΩ 以上
300 V を超過するもの		0.4 MΩ 以上

4　絶縁耐力試験

絶縁耐力試験は，電技解釈第 15 条，第 16 条に規定された試験電圧を，連続して 10 分間印加し，絶縁に異常がないことを確認する．6.6 kV（公称電圧）の電気設備の試験電圧は以下となる．

$$6.6 \times \frac{1.15}{1.1} \times 1.5 = 10.35 \text{ [kV]}$$

$\frac{1.15}{1.1}$：最大使用電圧

ただし，最大使用電圧の 1.5 倍が 500 V 未満の場合は，500 V を印加する．

5　保護装置試験

電技解釈第 34 条および第 36 条で規定される保護装置ごとに，関連する継電器の接点を手動等で閉じるか，または実際に動作させることにより試験する．保護継電器の試験は，単体の動作電流特性，動作時間特性などを測定し，管理基準値を満足していることを確認する．

6　保護連動試験

保護連動試験は，遮断器，断路器および負荷開閉器などの操作が機側や遠方から問題なく行えることを確認した後，保護装置による保護連動がシーケンス図面どおりに正常に動作することを確認する．

7　総合試験

総合試験は，受変電設備，自家発設備および遠方監視設備を組み合せた状態で行う最終動作試験である．システム全体として保護連動，インタロック，停復電制御などが正常に動作することを確認する．

7-2 試験方法と判定基準

現地で実施する代表的な試験として，交流絶縁耐力試験，保護装置試験（過電流継電器，地絡方向継電器，不足電圧継電器）の概要を次に示す．

なお，保護装置試験については，適用する規程（JIS, JEC）により試験方法が異なる．また，判定基準については、製造者の管理値を適用することもある．

1 交流絶縁耐力試験

(a) 試験回路

交流絶縁耐力試験の試験回路を**図7・1**に示す．

(b) 試験方法

電技解釈第15条，第16条に規定された試験電圧を，10分間印加し耐えなければならない．試験電圧加圧時に一次電流，二次電流（充電電流）を記録し，振

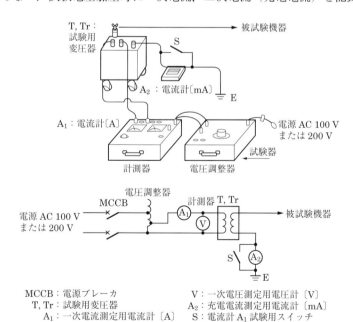

■ 図7・1　絶縁耐力試験回路図 ■

動，異音がないことを確認する．また，加圧前後の絶縁抵抗値に大きな変化がないことを確認する．

2 過電流継電器の試験

(a) 試験回路

過電流継電器の動作電流特性試験回路図を図 **7・2** に，動作時間特性試験回路図を図 **7・3** に示す．

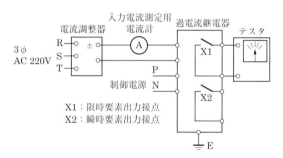

図 7・2　動作電流特性試験回路図

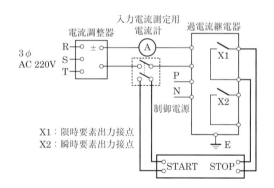

図 7・3　動作時間特性試験回路図

(b) 動作電流特性試験

図 **7・2** の試験回路を構成し，入力電流を 0 A から徐々に上げていき，出力接点（a 接点）が閉じたときの電流を測定し，表 **7・2** の判定基準値内であることを確認し記録する．

7章 現地試験・検査と保全

表7・2 判定基準（JIS C 4602）

動作電流	限時要素	タップ整定値に対して ±10％以内であること
	瞬時要素	タップ整定値に対して ±15％以内であること
動作時間	限時要素	300％入力で公称動作時間の ±17％以内であること
		700％入力で公称動作時間の ±12％以内であること
	瞬時要素	200％入力で0.05s以下であること

(c) 動作時間特性試験

図7・3の試験回路で，最小整定値入力電流を0Aから急変させ，入力電流通電から出力接点（a接点）が閉じるまでの時間を測定し，**表7・2**の判定基準値内であることを確認し記録する．

3　地絡方向継電器の試験

(a) 試験回路

地絡方向継電器の動作値試験回路図を**図7・4**に，動作時間試験回路図を**図7・5**に示す．

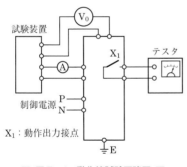

■ 図7・4　動作値試験回路図 ■

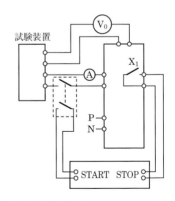

■ 図7・5　動作時間試験回路図 ■

(b) 電流動作値試験

図7・4の試験回路で，試験電圧を最小動作値整定の150％印加した状態で，入力電流を0Aから徐々に上げていき，出力接点（a接点）が閉じたときの電流を

測定し，管理基準値内にあることを確認し記録する（電圧と電流の位相は同相）．

(c) 電圧動作値試験

入力電流を最小動作値整定の150％通電し，電圧を徐々に上げていき，出力接点（a接点）が閉じたときの電圧を測定し，管理基準値内にあることを確認し記録する（電圧と電流の位相は同相）．

(d) 動作時間

動作時間は，最小動作整定値の150％の入力電圧を，また，130％および400％の入力電流を，それぞれ電圧と同時に急変させ，入力電圧・電流の印加から出力接点が閉じるまでの時間を測定し，管理基準値内にあることを確認し記録する．

(e) 位相特性試験

入力電圧は最小動作整定値の150％印加し，入力電流を最小動作整定値の1 000％通電状態で，電流の位相を変化させ，出力接点が閉じたときの位相を測定し，管理基準値内にあることを確認し記録する．

判定基準は，各メーカ，機種により異なるが，一例を表7・3に示す．

■ 表7・3 判定基準（製造者の一例：各メーカ・各機種により異なる）■

動作電流	タップ整定値に対して ±10％以内であること
動作電圧	タップ整定値に対して ±25％以内であること
動作時間	0.05 sタップ：130％電流で 0.1 s以下，400％電流で 0.1 s以下 0.2 sタップ：130％電流で 0.1～0.3 s以下，400％電流で 0.1～0.2 s以下 0.5 sタップ：130％電流で 0.4～0.65 s以下，400％電流で 0.4～0.6 s以下 0.8 sタップ：130％電流で 0.7～0.95 s以下，400％電流で 0.7～0.9 s以下 1.0 sタップ：130％電流で 0.95～1.15 s以下，400％電流で 0.95～1.1 s以下

4 不足電圧継電器の試験

(a) 試験回路

不足電圧継電器の動作値試験回路図を図7・6に，時間特性試験回路図を図7・7に示す．

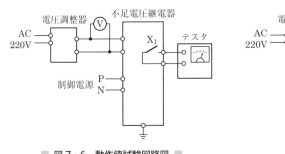

図7・6 動作値試験回路図

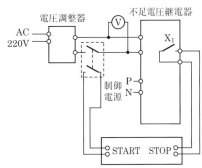

図7・7 時間特性試験回路図

(b) 電圧動作値試験

入力電圧を110Vに設定し，徐々に電圧を下げていき，出力接点（a接点）が閉じたときの電圧を測定し，管理基準値内にあることを確認し記録する．

表7・4の判定基準（JEC-2511）の動作電圧により判定する．

(c) 時間特性試験

各タップ整定値の70％，0％の電圧に急変させて動作時間を測定する．

表7・4の判定基準（JEC-2511）の動作時間により判定する．

表7・4 判定基準（JEC-2511）

動作電圧	タップ整定値に対して ±25％以内であること
動作時間	定格電圧により公称電圧値の70％に急変したとき，公称動作時間 ±20％以内であること
	定格電圧により公称電圧値の0％に急変したとき，公称動作時間 ±10％以内であること

7-3 保守と保全

電気設備にとっては，異常な温度上昇と絶縁低下は最も危険な状態といえる．できる限り高温，高湿，腐食，振動などからの防護を考え，保全しなければならない．装置の事故は突然発生するものは少なく，前もって何か異常な現象が発生し

ており，これの適切な処置が施されないうちに事故発生となるのが大部分である．

　保全は，事故が発生してから修復を行う事後保全と，事故を未然に防ぐ予防保全に分類されるが，近年，あらゆる分野で電気への依存度が高まり，停電や事故に伴う社会的影響，経済的損失が大きくなってきた．そのため，事後保全から予防保全へと大きく変わってきている．

　一方，電気事業法では，高圧受電設備の保安を維持するため，自己責任原則を重視した自主保安体制を確立し，責任の所在，指揮命令系統，連絡の系統など，保安業務が円滑に行われなければならないと定めている．電気事業法第42条において保安規程を定め所轄の産業保安監督部長（または経済産業大臣）に届け出る義務が定められている．

　需要家が定める保安規程は，保安業務分掌，指揮命令系統や教育などの保安管理体制と，その体制を通じて行う設備の巡視，点検，検査などの保安業務に大きく分類し，具体的設備の実状に応じて，自主的に最良なものとし，その規制に当らせることが重要となる．

1　保守点検

　保守点検は，日常（巡視）点検，普通点検，精密点検に種別され，次に示す内容で実施する．

(a) 日常（巡視）点検
　運転中の電気設備について日常のチェックポイントを巡視し，目視などにより確認，記録する．

(b) 普通点検
　1～3年程度の周期で電気設備を停止し，目視，測定器具などにより点検，測定および試験を行う．

(c) 精密点検
　5～6年程度の周期で電気設備を停止し必要に応じ分解するなど，目視，測定器具などにより点検，測定および試験を行う．

(d) 臨時点検
　電気事故その他異常が発生した場合および異常が発生するおそれがある場合に点検，測定および試験を行い，再発防止などの措置を講ずる．

2 設備診断

　設備診断では，日常点検，普通点検，精密点検などの保守点検とは別に，各種診断手法を取り入れた劣化，寿命判定などによる評価を実施する．診断結果から機器または設備の延命や更新計画を策定することで，設備の信頼性を向上させることができる．

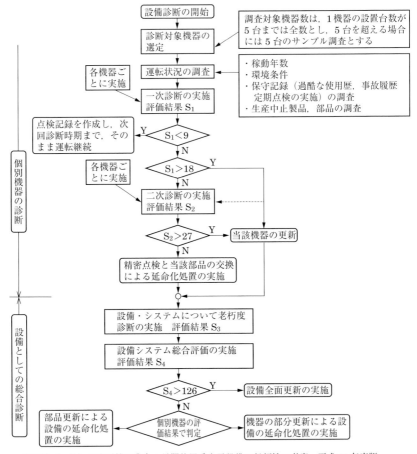

〔出典〕（一社）日本電機工業会：長期使用受変電設備の信頼性の考察，平成11年度版

■ 図7・8　設備診断の基本手順 ■

(a) 設備診断手法

　受変電設備の診断にはさまざまな手法があるが，日本電機工業会では，個別機器の診断として一次診断と二次診断で老朽度評価を行い，その機器の集合体である受変電設備の設備システムの信頼度評価を加味し，設備としての総合的な老朽度評価を行うことを推奨している．設備診断の基本手順を図 7・8 に示す．個別機器の診断と設備としての総合診断の考え方は以下のとおりである．

(1) 個別機器の診断
　①一次診断：経過年数や故障履歴などの物理的要因と廃型やモデルチェンジに伴う社会的要因，および日常点検レベルの点検と計測で可能な調査で評価を行い，延命化処置や更新の要否を判定するもので，通常の設備保守員が実施できる診断をいう．
　②二次診断：計測装置や計器類を使用し，分解点検を含む調査で評価を行い，延命化処置や更新の要否を判定する精密調査である．この調査は製造者の専門技術員が行うことが望ましい．

(2) 設備としての総合診断　　個別機器の老朽度評価結果と，設備システムについての信頼度および老朽度評価を総合的に行う診断をいう．

　個別機器として，配電盤の老朽度評価表を表 7・5 に示す．この表に一次および二次診断を記入し，合計点が表 7・6 に示す評価点に達した場合は，診断結果に見合う対策を行うことが望ましい．

　設備のシステム評価は設備構成，事故履歴および生産中止製品の有無で判定する．表 7・7 に設備システム評価表を示す．

　表 7・5 と表 7・7 の評価点を設備全体の総合評価表として表 7・8 にまとめて，表 7・9 の設備全体の老朽度評価点と対策案に基づき判定する．

(b) 延命策

　延命策には，部品の延命処置による機器の延命化と機器の延命処置による電気設備の延命化の 2 通りがある．古い部品などでは，すでに製造中止や金型の新製作を必要とし，多額の費用と期間を要するものもあるため十分な検討が必要である．

表7・5 配電盤老朽度評価表

〔出典〕（一社）日本電機工業会：長期使用受変電設備の信頼性の考察，平成11年度版．

項　目		評　価　項　目	老朽度評価結果		
			評価点	一次	二次
経過年数		10年以上15年未満	3		
		15年以上20年未満	6		
		20年以上	9		
環境条件		周囲温度が最高40℃，または1日平均35℃を超えている	3		
		相対湿度が85％を超えている	3		
		腐食性ガスや塩害がある	3		
		塵埃，汚損，結露している	3		
		地盤沈下などによる据付レベルの変化がある	3		
保全記録		定格外の使用記録がある	2		
		過去に性能・絶縁に関連した修理記録がある	2		
		定期点検が行われていない	2		
生産中止製品対応		生産中止の提示がされている機器が使用されている	5		
異常現象		放電音，異常な振動音がある	9		
		異常臭気がある	9		
		過熱によるサーモラベルの変色がある	9		
		銀移行が進行している	7		
劣化現象	外箱部	ボルト，ナット類に緩みがある	3		
		錆などによる欠落状態，屋根カバー，扉などに腐食がある	9		
		扉，ハンドルがスムーズに動作しない	3		
		点検窓などのパッキン類に損傷がある	3		
	外部端子部	締付け部に緩みがある	5		
		接地線接続部に緩みや断線がある	3		
	主回路導電部	断路部のメッキが消耗し，地金（銅）が露出している	5		
		導体接続ボルトに緩みがある	5		
		主回路導体の塗装，メッキの剥離がある	1		
		主回路導体に過熱変色がある	3		
		主回路導体に亀裂，破損，変形などの損傷，腐食がある	5		
	支持絶縁物	主回路導体支持物などに亀裂，破損，変形などの損傷がある	7		
		支持物のボルト類に緩み，脱落がある	3		
		絶縁物にコロナ放電やトラッキングの痕跡がある	7		

7-3 保守と保全

分類	項目	内容	点数			
	開閉部	接触部，断路部に腐食皮膜が生成されている	5			
		主回路断路部に摩耗，損傷がある	5			
	制御部	配線・配線接続部に塵埃が付着，腐食している	3			
		表示器具，警報表示器が誤表示，または動作不良がある	3			
		制御器具が湿潤し，発錆している	2			
		制御継電器のコイル，あるいはヒューズ，スペースヒータに断線がある	7			
		制御継電器，電磁接触器，補助開閉器，スイッチ類に接触不良がある	5			
		端子，コネクタ，制御回路配線接続部に緩み，脱落がある	3			
		制御回路部品に，亀裂，破損，変形などの損傷がある	3			
		制御回路端子台，ヒューズ，抵抗器などに破損，腐食，過熱変色がある	3			
		制御配線に被覆変質，芯線の腐食や素線切れ，絶縁物の劣化がある	5			
		制御配線支持物が破壊し，制御線が垂れ下がっている	5			
	付属品・補機類	冷却装置に異常音，振動がある	3			
		冷却装置に目詰まりや漏れがある	3			
		シャッター，断路器，遮断器あるいはPT，LAの引出装置に動作不良がある	3			
		スペースヒータが過熱，変色している	3			
		PT，CTの特性に不良がある	5			
		保護継電器に特性不良，または動作不良がある	5			
		指示計器に特性不良がある	5			
		ケーブル貫通部の塞ぎ板に脱落や，欠損，ずれがある	3			
試験測定	絶縁抵抗測定	制御回路と対地間（1000Vメガー使用）	1面あたり5MΩ以下	9		
		主回路部と対地間（500Vメガー使用）	1面あたり1MΩ以下	5		
	主回路抵抗測定		基準値を外れている	9		
	部分放電測定		基準値を外れている	9		
	補助継電器最低動作電圧		基準値を外れている	5		
	シーケンス試験に異常がある			9		
			合　計			

注記 1.「外箱部」とは，タンク・ケース・カバー・ベース・操作箱を意味する
注記 2.「外部端子部」とは，主回路・ケーブル・接地線の外部端子を意味し，制御回路は含まないものとする

表7・6 機器の老朽診断結果と対策案

〔出典〕(一社)日本電機工業会:長期使用受変電設備の信頼性の考察,平成11年度版

診断種別	診断結果 (評価点)	対策案(更新・延命化処理)
一次診断 (S_1)	18点以上	当該機器の更新,あるいは精密点検と当該部品の交換による延命化処置の実施
	9〜18点未満	二次診断(製造者による精密診断)の実施
	9点未満	次回点検時まで,日常点検を行いながら監視
二次診断 (S_2)	27点以上	当該機器の更新,あるいは精密点検と,当該部品の交換による延命化処理の実施
	27点未満	精密点検と,当該部品の交換による延命化処理の実施

表7・7 設備システム評価表

〔出典〕(一社)日本電機工業会:長期使用受変電設備の信頼性の考察,平成11年度版

	項　目	供　給 信頼度	保守 容易性	評価点	評価結果
受電方式	1回線受電	3	3	6	
	常用-予備2回線受電	2	1	3	
	平行2回線受電	1	1	2	
	ループ受電	1	1	2	
	スポットネットワーク3回線受電	1	1	2	
バンク	1バンク	3	3	6	
	複数バンクで一次DS,二次CB	1	2	3	
	複数バンクで一次CB,二次CB	1	1	2	
母線方式	単一母線	3	3	6	
	補助母線付き	2	2	4	
	DS切換二重母線	1	2	3	
	CB切換二重母線	1	1	2	
事故履歴	自社外系統での事故による全停電あり			2	
	落雷による全停電あり			2	
	落雷による部分停電あり			1	
	受変電設備内部事故による全停電あり			2	
	受変電設備内部事故による部分停電あり			1	
	負荷側事故が電源に波及			2	
	負荷側事故が負荷側のみでトリップ			1	
	電気制御機器に生産中止製品がある			2	
合　計					

■ 表7・8 設備全体の総合評価表 ■

〔出典〕（一社）日本電機工業会：長期使用受変電設備の信頼性の考察，平成11年度版

機 器	記 号	評 価 結 果					平均
		1台目	2台目	3台目	4台目	5台目	
断路器	DS						
遮断器	CB						
変圧器	TR						
変成器	PCT						
配電盤	MCS		—	—	—	—	
その他機器	A		—	—	—	—	
設備システム	S		—	—	—	—	
	DS＋CB＋TR＋PCT＋MCS＋A＋S						点

■ 表7・9 設備全体の老朽度評価点と対策案 ■

〔出典〕（一社）日本電機工業会：長期使用受変電設備の信頼性の考察，平成11年度版

総合評価結果 （S4）	対策案（更新・延命化処置）
126点以上	設備全体の更新の実施
105〜126点未満	機器の部分更新による設備の延命化処置の実施
105点未満	非修理系機器の更新，あるいは修理系機器の部品更新による設備の延命化処置の実施

(c) 設備の更新

設備の更新は，機器の機能，性能，信頼性を初期のレベルに回復させることであるが，多くのケースで以下のような副次的な効果が期待できるため，ライフサイクルコスト（LCC）を考慮して検討する必要がある．

ライフサイクルコストとは，設備の計画から建設，運用，保全，改修，廃却までのすべてのコストで，長期的なトータルコストである．

(1) 省エネルギー　高効率変圧器を採用することで損失が大幅に軽減され，電力費の低減に大きく寄与する．

(2) 省スペース　絶縁技術の進展や，電力用半導体の進歩などにより，最近の電気機器は大幅なコンパクト化が実現している．

(3) 省メンテナンス　遮断器の操作機構の簡素化や，自己診断機能付き保護継

電器の採用により，メンテナンスの省力化が図れる．

(4) 機器，性能の向上　制御装置のディジタル化が進み，機器，性能や信頼性が向上している．また，監視制御にコンピュータシステムが導入され，受変電設備全体の信頼性向上に寄与している．

(d) 適用可能な診断法の紹介

機器の診断は「活線診断」と「停電診断」に分けることができる．設備の状況に合わせた最適な診断技術を選択することで、有益な情報が得られるため，

表7・10に電気設備機器ごとに適用可能な各種診断法を紹介する．

表7・10　電気設備機器の診断法

機器名 \ 設備診断項目	部分放電測定	局部加熱測定	環境測定*1	X線透視外部診断	騒音測定	絶縁油特性試験	油中ガス分析	油中$CO+CO_2$診断	油中フルフラール診断	漏れ電流測定	絶縁抵抗測定	開閉動作特性	接触抵抗測定	汚損度測定*2	グリース分析	真空チェック	ストローク測定	コイル抵抗測定	平均重合度診断	静電容量測定	保護継電器単体特性試験	有機絶縁物劣化診断*3
断路器	○	○	○								●		●	●	●							
真空遮断器(VCB)	○	○	○	●							●	●	●	●		●						
計器用変成器	○	○				◎					●									●		
油入変圧器	○		○		○	◎	◎	◎	◎		●								●			
モールド変圧器	○	○									●											
避雷器		○								○												
電力用コンデンサ	○	○								●										●		
配電盤											●										●	●
以下の機器については生産中止機種につき，他機種へ更新されることを推奨する																						
油遮断器	○	○	○		●						●	●	●	●			●					
空気遮断器											●	●	●	●			●					
磁気遮断器	○	○	○								●	●	●	●								

(注1) 設備診断，予防保全アイテムについては，各メーカに問い合わせのこと．
(注2) $\tan\delta$ 測定はほとんど実施されていない．
＊1　環境測定：温・湿度，腐食性ガス測定
＊2　汚損度測定：等価塩分付着量測定など
＊3　有機絶縁物劣化診断：多変量解析（MT法）による絶縁物の余寿命診断
備考　○：活線診断　◎：活線および停電診断　●：停電診断

8章 関連法規と手続き

電気設備の計画・設置，運営にあたり，災害の防止と危険の排除により安全を確保し，設備を長期にわたり安定して運転させることは，きわめて重要である．そのために電気設備に関して種々の法令および手続きが定められている．

官公署，電力会社などに対して必要な諸々の手続きは，設備の規模などによって異なるが，高圧受電設備を計画するにあたっては，関連法規と手続きについて十分理解しておく必要がある．

8-1 関連法規

1 電気事業法

　電気事業法は電気に関する基本の法律であり，電気工作物の工事，維持および運用を規制することによって，公共の安全を確保し，および環境の保全を図ることを目的としている．

(a) 電気事業法の構成要素

　電気事業法は次の五つの大きな要素からなっている．

(1) 電気事業に関する規制　電気事業（一般電気事業（10電力会社），卸電気事業（電源開発（株），日本原子力発電（株）），特定電気事業，特定規模電気事業の許可・届出，供給義務，電圧および周波数の維持，電気事業者相互の協調などの規制を行っている．

(2) 事業用電気工作物の工事，維持，運用についての規制　事業用電気工作物については，電気の円滑な供給，電気工作物による人体への危害・物件への損傷の防止，電気的・磁気的な障害，公害の防止などの点から規制されている．

(3) 土地等の利用規制　電気事業者は電線路や電気工作物設置のため，他人の土地または建物，その他の工作物が必要な場合，その土地などの利用を妨げない範囲で，これを一時使用でき，一時使用が終了したら原状回復を行うことについての規制を示している．

(4) 登録安全管理審査機関，指定試験機関および登録調査機関の規制　使用前自主検査の実務者登録や電気主任者試験を行う機関および一般用電気工作物の技術基準への適合を調査する機関についての規制を示している．

(5) 送配電等業務支援機関の規制　支援機関は送配電等業務の実施に関する基本的指針策定やその事業者との指導勧告や苦情，紛争の解決を行うことなどについて規制されている．

(b) 電気事業法関連法令

　電気事業法の規程を実施するための関連法令として，電気事業法施行令，電気

事業法施行規則, 電気関係報告規則, 電気使用制限等規則, 電気設備に関する技術基準を定める省令（電気設備技術基準）などがある．

電気事業法施行規則では，電気事業の許可・登録に関するもの，電気工作物を設置する際の保安規程や主任技術者の専任などについて規定している．

(1) 保安規程の規制　事業用電気工作物の工事，維持および運用に関する自主的な保安を確保するため，その電気工作物に応じた管理者の職務，組織，従事者の保安教育，および巡視，点検，検査，運転，操作に関する事項，保安に関する記録などについて，事業用電気工作物の設置者が定め経済産業大臣に届け出ることを義務づけている．自家用電気工作物に対する保安規程体制を図8・1に示す．

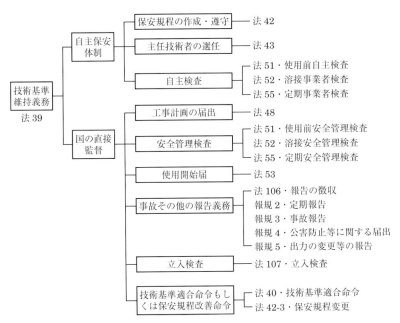

図8・1　保安規程体制（自家用電気工作物）

(2) 主任技術者の規制　電圧の種別によって，第一種，第二種，第三種電気主任技術者に区分し，事業用電気工作物の工事，維持および運用の監督者として，保安業務を行うことが義務づけられている．電気主任技術者免状の種類と保安監督の範囲を**表8・1**に示す．

表8・1　電気主任技術者免状の種類と保安監督範囲

電気主任技術者免状の種類	保安監督範囲
第一種電気主任技術者免状	事業用電気工作物の工事，維持および運用
第二種電気主任技術者免状	電圧17万V未満の事業用電気工作物の工事，維持および運用
第三種電気主任技術者免状	電圧5万V未満の事業用電気工作物（出力5000kW以上の発電所を除く）の工事，維持および運用

(c) 電気工作物の区分

　電気工作物とは発電，変電，送電もしくは配電または電気の使用のために設置する機械器具，ダム，水路，貯水池，電線路その他の工作物をいい，電気工作物は「一般用電気工作物」と「事業用電気工作物」とに区分される．「事業用電気工作物」のうち電気事業の用に供する電気工作物以外のものが，「自家用電気工作物」である．**表8・2**に電気工作物の構成区分を示す．

表8・2　電気工作物の区分

区分			具体例
電気工作物	事業用電気工作物	電気事業の用に供する電気工作物	・一般電気事業者 ・卸電気事業者 ・特定電気事業者 ・特定規模電気事業者
		自家用電気工作物	・電気事業者のサービスステーション，研究所，寮などの直接電気を供給するため以外の施設 ・一定規模以下の卸供給事業者が設置する工作物 ・特高または高圧受電事業者 ・小規模発電設備以外の発電設備を有する事業者 ・爆発性等の危険物であって，電気工作物の操作による事故の発生の恐れがある場合 ・配電線路を有する低圧受電の工場など
	一般用電気工作物		・一般住宅 ・低圧受電の店舗，工場など ・低圧受電で受電容量が20kW以上の公衆の出入りする事業所にあるもので小出力発電設備であるもの

(d) 自家発電設備に関する法規制

電気事業法では発電設備を，常用発電設備，非常用発電設備，移動用発電設備，および小出力発電設備（一般用電気工作物に区分され，届出，手続きは不要）に分類し，規制している．携帯発電機は電気用品安全法で規制している．

(1) **常用発電設備**　通常，自家用電気工作物の「発電所」の扱いとなる．次のものは工事計画事前届出が必要である．

①出力 1 000 kW 以上のガスタービン発電設備

②出力 10 000 kW 以上の内燃力発電設備

③出力 500 kW 以上の燃料電池，2 000 kW 以上の太陽電池，500 kW 以上の風力発電設備および水力発電（ダム式，200 kW 以上，水量 1 m^3/s 以上）

(2) **非常用発電設備**　非常用発電設備には，非常用予備発電装置と防災用発電装置の2種の用途がある．電気事業法では自家用電気工作物の「需要設備」の扱いとなる．発電機容量に関係なく，工事着手までの他の設備とあわせて，電気主任技術者および保安規程などの届出が必要である．なお，消防署への届出も用途，容量に関係なく必要であり，防災用の場合は，消防庁告示第1号「自家発電設備の基準」に適合しなくてはならない．

(3) **移動用発電設備**　移動用電気工作物として扱われ，発電所，変電所，開閉所，電力保安用通信設備または需要設備の非常用予備発電装置として使用されるものは，各々の設備に属する非常用予備発電設備として扱われ，その他は「発電所」として扱われる．施設または変更の工事をするときは取扱いにより常用または非常用と同等の手続きが必要となる．

(e) 再生可能エネルギーに関する法制度

低炭素化社会の形成，エネルギー自給率の向上および将来の産業育成への期待などを目的として，再生可能エネルギーの創出を後押しするものとして「電気事業者による再生可能エネルギー電気の調達に関する特別措置法」が施行された．これにより電力会社は再生可能エネルギーの種類により，あらかじめ決められた価格で発電事業者から電気の購入を行い，事業化の促進をはかる．

固定価格買取制度は，再生可能エネルギー（太陽光，風力，水力，地熱，バイオマス）で発電された電気を，その地域の電力会社が一定価格で買い取ることを国が約束する制度であり，使用する電源により買取単価で決められている．

2 消防法

　消防法は，火災を予防，鎮圧し，人命財産を火災から保護すること，また火災や地震などの災害による被害を軽減すること，およびこれらにより社会公共の福祉を増進することを目的に法制化されているものである．

　消防法関連の法令には，消防法施行令，消防法施行規則，危険物の規制に関する政令，危険物の規制に関する規則のほか，一律に規制できない各地域の消防体制を考慮し，各地方自治体の法規として火災予防条例，火災予防条例施行規則が定められている．なお，火災予防条例については，各市町村条例のモデルとなる火災予防条例（例）が消防庁より示されている．

(a) 消防法関係手続きを要する設備

　自家用発電設備を含む高圧受電設備関連で，消防法令にもとづく手続きを必要とする設備には次に示す電気設備関係，危険物，消防用設備がある．消防法令では，電気設備関係はその使用に際し火災の発生のおそれのある設備に位置づけられている．

(1) 電気設備関係

　①高圧または特別高圧の変電設備
　②内燃機関による発電設備（固定しているもの）
　③蓄電池設備

　ただし，各市町村の条例により，届出範囲，数値などが異なるので，事前に調査，相談が必要である．たとえば，東京都火災予防条例では，①全出力 20 kW 以上，②ガスタービンを含む，③ 4 800 AH・セル以上，である．

(2) 危険物　爆発性物質，引火性物質，有毒性物質などは危険物と総称され，これらの貯蔵，取扱いは消防法などによって規制されている．自家用発電設備の燃料油などはこれに該当し，消防法，危険物関連法令の規制を受ける．

　①少量危険物などの貯蔵取扱届出（東京都火災予防条例第 58 条）
　②危険物製造所，貯蔵所，取扱所設置許可申請（消防法第 11 条，危険物の規制に関する政令第 6 条，危険物の規制に関する規則第 4 条）
　③危険物製造所，貯蔵所，取扱所完成検査申請（消防法第 11 条，危険物の規制に関する政令第 8 条，危険物の規制に関する規則第 6 条）

(3) **消防用設備（消防法第 17 条）**　警報設備，消火設備などがあるが，詳細は割愛する．

8-2　経済産業省への手続き

　電気事業法関連の各種手続きは，経済産業省もしくはその地方組織の産業保安監督部に対して行う．

　高圧受電設備（需要設備）においては，工事計画事前届出は不要であるが，保安規程の届出および電気主任技術者の選任が必要である．高圧受電設備（受電電圧 10 kV 未満）の手続きフローを図 **8・2** に示す．受電電圧が 10 kV 以上の需要設備においては，保安規程の届出，電気主任技術者の選任に加え，工事計画届出が必要である．受電電圧 10 kV 以上の需要設備の手続きフローを図 **8・3** に示す．

1　工事計画届出

　ここでは，重要家の高圧受電設備，すなわち自家用電気工作物のうちの需要設備にかかわる設置，変更を行う際の工事計画届出について述べる．

8章 関連法規と手続き

(a) 工事計画事前届出を要する範囲
(1) 設置の工事
・高圧受電設備の場合

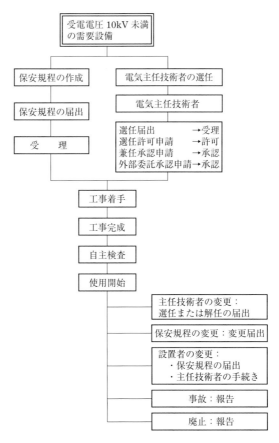

図8・2　産業保安監督部への手続き（工事計画届出が不要な場合）

・受電電圧 10 kV 以上の需要設備の場合

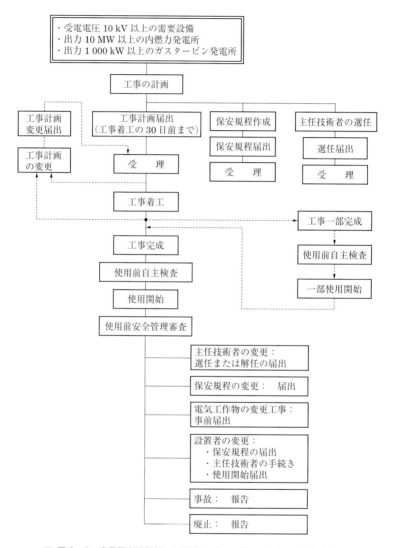

図 8・3　産業保安監督部への手続き（工事計画届出が必要な場合）

(2) 変更の工事　他の者が設置する電気工作物と電気的に接続するための遮断器（(1)の需要設備に属するもの）で，電圧 10 kV 以上のものの設置，取替え，20%以上の電圧変更，容量変更，出力変更，遮断容量変更を伴う改造

(b) 工事計画事前届出の手続き

　工事計画届出書の提出にあたっては，主任技術者の選任届出，保安規程の届出をあわせて行う．

(c) 工事計画変更届出の手続き

　工事計画届出書を提出し，産業保安監督部から受理通知を受けた後，その工事が完成するまでの間において設計変更などにより，工事計画の内容を変更しようとする場合は，工事計画変更届出書を提出しなければならない．

2　保安規程

　自家用電気工作物を設置する場合，もしくは他から譲り受けまたは借り受けて使用する場合には，その電気工作物の工事，維持および運用上の保安が確保されるために，電気事業法施行規則第 50 条の内容に沿って保安規程を作成，保安規程届出書とともに提出しなければならない．

　保安規程の目的は自主的保安体制の確立にあり，設置者および従業者は当然保安規程を守らなければならない（電気事業法第 42 条第 4 項）．したがって，保安規程の内容はあくまでも自主的に各々の特殊性を考慮して定められるべきものである．

(a) 保安規程の記載事項

　保安規程に記載するべき内容を**表 8・3**に示す．

(b) 保安規程を変更した場合

　保安規程を変更した場合は，遅滞なく保安規程変更届出書に変更を必要とする理由を記載した書類を添えて提出しなければならない．

(c) 保安規程の届出手続き

　保安規程の届出の時期は，電気工作物の使用の開始前（使用前自主検査を伴う場合は工事の開始前）である．また届出先は，所轄産業保安監督部長である．

表 8・3 保安規程の記載事項

	項　目	内　容
①	総　則	保安規程の目的, 効力, 細則などの制定, 規程などの改正に関すること
②	保安業務の運営管理体制	保安業務組織を明確化し, 総括管理者, 主任技術者, 従業者などの職務分掌, 連絡体制, 代務者などに関すること
③	保安教育	電気工作物の工事, 維持または運用に従事する者に対する保安に必要な教育, 訓練に関すること
④	工事の計画および実施	工事計画の立案およびその実施に関すること
⑤	法定事業者検査	法定事業者検査 (使用前自主検査, 溶接事業者検査, 定期事業者検査) にかかわる実施体制および記録の保存に関すること
⑥	保　守	巡視, 点検, 検査などの基準, 事故の再発防止に関すること
⑦	運転または操作	運転または操作の方法に関すること
⑧	災害対策	防災体制, 災害非常時の措置など防災対策の確立に関すること
⑨	記　録	電気工作物の工事, 維持および運用に関する記録および保管に関すること
⑩	責任の分界	電力会社などとの責任分界点に関すること
⑪	雑　則	その他危険の表示, 測定器具の整備, 手続書類・図面類の整備・保管, 予備品の保管などに関すること

3　電気主任技術者

(a) 主任技術者の選任

　自家用電気工作物を設置する者, すなわち電気工作物の所有者は電気工作物の工事, 維持および運用に関する保安を監督させるため, 主任技術者免状の交付を受けている者の中から主任技術者を選任しなければならない (電気事業法第43条). 電気主任技術者の選任形態には**表 8・4**に示す専任, 選任許可, 兼任, 外部委託の四つがある. 自家用電気工作物で外部委託可能なものは各種発電設備 (2 000 kW 未満の太陽電池, 風力, 水力, 火力と 1 000 kW 未満の燃料電池) 及び 7 000 V 以下の電気設備 (需要設備, 600 V 以下の配電線路) である.

表 8・4　自家用電気工作物にかかわる電気主任技術者の選任形態

選任形態	主な条件	需要設備の最大電力			
		100 kW 未満	100 kW 以上 500 kW 未満	500 kW 以上 2 000 kW 未満	2 000 kW 以上
専　任	電気主任技術者免状	○	○	○	○
選任許可	第一種電気工事士または認定校卒など	○	○	×	×
	第二種電気工事士など	○	×	×	×
兼　任	電気主任技術者免状 最大 5 か所まで	○	○	○	×
外部委託	電気保安法人または電気管理技術者と委託契約を締結	○	○	○	○

○：可（許可・承認が必要な場合もあり），×：不可
兼任，外部委託については，電圧 7 000 V 以下で受電するものに限る．
発電所，配電線路などは，それぞれ選任形態により設備規模の上限が異なる．

(b) 主任技術者の解任

　当該事業場の主任技術者が退職，転勤，病気などにより，主任技術者として執務できなくなった場合には，主任技術者解任届を遅滞なく届け出なければならない（電気事業法第 43 条第 3 項）．ただし，この場合には新たに主任技術者を選任して同時に届け出ることとなり，後任の主任技術者が許可，兼任または外部委託の場合には，許可または承認がなされたときに前任者が解任される．

4　使用開始届出手続き

　工事計画届出の対象となる規模の電気工作物を他の者から譲り受けまたは借り受けて自家用電気工作物として使用する場合は，使用開始した旨を遅滞なく届け出なければならない（電気事業法第 53 条，電気事業法施行規則第 87 条）．

5　定期・電気事故・変更・廃止など報告

(a) 定期報告

　自家用電気工作物を設置する者の定期報告として**表 8・5** に示す報告書を所轄産業保安監督部長へ提出する必要がある（電気関係報告規則第 2 条）．

8-2 経済産業省への手続き

■ 表8・5 自家用電気工作物に関する定期報告 ■

報告書名	様式番号	報告期限	備　考
自家用発電所運転半期報	様式第9	4月末日および10月末日	出力1 000 kW 未満の発電所の場合は提出不要

(b) 事故報告

自家用電気工作物を設置する者の事故報告として**表8・6**に示す報告が必要である（電気関係報告規則第3条）．

■ 表8・6 自家用電気工作物に関する事故報告 ■

事　故	報告の方式	報告先
1. 感電死傷事故 2. 電気火災事故 3. 電気工作物の破損または電気工作物の誤操作もしくは電気工作物を操作しないことにより，他の物件に損傷を与え，またはその機能の全部または一部を損なわせた事故 4. 次に掲げるものに属する主要電気工作物の破損事故 　1) 出力90万kW未満の水力発電所 　2) 火力発電所（汽力，ガスタービン（出力1 000 kW以上のものに限る），内燃力（出力10 000 kW以上のものに限る），これら以外を原動力とするものまたは2以上の原動力を組み合わせたものを原動力とするもの）における発電設備 　3) 火力発電所における汽力または汽力を含む2以上の原動力を組み合わせたものを原動力とする発電設備であって，出力1 000 kW未満のもの（ボイラーに係るものを除く） 　4) 出力500 kW以上の燃料電池発電所，出力50 kW以上の太陽電池発電所，出力20 kW以上の風力発電所 　5) 電圧17万V以上30万V未満の変電所，送電線路（直流のものを除く） 　6) 電圧1万V以上の需要設備（自家用電気工作物を設置する者に限る） 5. 一般送配電事業者の一般送配電事業の用に供する電気工作物または特定送配電事業者の特定送配電事業の用に供する電気工作物と電気的に接続されている電圧3 000 V以上の自家用電気工作物の破損または自家用電気工作物の誤操作もしくは自家用電気工作物を操作しないことにより一般送配電事業者または特定送配電事業者に供給支障を発生させた事故	速報および詳報 速報および詳報 速報および詳報 速報および詳報 3)は事故原因が自然現象の場合は速報 速報および詳報	所轄産業保安監督部長

注）報告の期限は，速報は事故が発生したときから24時間以内，詳報は事故が発生した日から起算して30日以内である．速報は電話等により行うことができる．

(c) 自家用電気工作物について変更・廃止があった場合の手続き

次の場合は遅滞なく所轄産業保安監督部長に報告しなければならない（電気関係報告規則第5条）.

(1) 発電所もしくは変電所の出力または送電線路もしくは配電線路の電圧を変更した場合
(2) 発電所，変電所その他の自家用電気工作物を設置する事業所または送電線路もしくは配電線路を廃止した場合

6 公害防止などに関する届出

大気汚染防止法などの環境保全関連法では，公害発生施設とされる電気工作物の届出などにかかわる規定が適用除外となっており，除外された条項については電気事業法の該当規定に委ねられている．

公害関連の手続きフローを図8・4に示す．

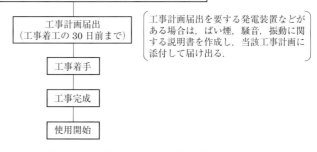

図8・4 公害防止にかかわる手続き

工事計画の事前届出を必要とする公害発生施設に該当する電気工作物の種類は，電気事業法施行規則別表第4に規定されている．その規模は環境保全関連法の規定によることとされている．

8-3 電力会社への手続き

電力会社に対する手続きフローを図 8・5 に示す．

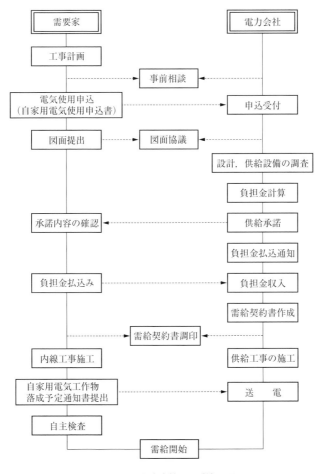

■ 図 8・5 電力会社への手続き ■

1 電気使用申込みの種類

高圧受電の場合，業務用電力，高圧電力の区分のほか，これらと組合せで用いる自家発補給電力，電力の使用条件から選択できる時間帯別，季節別などを付加した申込みができる．

2 手続き

(a) 事前相談事項

電気工作物の新設，変更を計画するときには，事前に電力会社に対し需給開始予定日，契約電力，受電電圧，主要負荷内容などの計画概要の提示が必要である．これにより電気設備の設計，所要工期の調整が容易になり，また電力会社への申込み手続き，官庁手続きなどの助言を受けることができる．

(b) 提出図書

新設，増設の各ケースにおける提出図書の例を**表 8・7** に示す．

表 8・7 電力会社手続きにおける提出図書

新設，増設の区分		提 出 図 書	
新設の場合		構内平面図	1 部
		単線接続図	1 部
		シーケンス	1 部
		受電用機器装置図	1 部
		支持物構造図または地中電線路図	
		（必要な場合）	1 部
増設その他主要機器の変更の場合	機器の単純な取換えまたは保護継電方式変更の場合	単線接続図	1 部
		シーケンス	1 部
	機器増設，位置変更，受電方式変更の場合	単線接続図	1 部
		シーケンス	1 部
		受電用機器装置図	1 部

8-4 消防への手続き

消防に対する諸手続きには，電気設備関係（変電設備，発電設備，蓄電池設備，

燃料電池設備），消火設備，警報設備，避難設備といった消防用設備など，および危険物についての設置届出が必要であるが，本節では消防用設備および消防設備用非常電源を除く電気設備関係および自家発電設備に関する危険物の届出について述べる．

1 電気設備の設置届出

電気設備に関する消防関連の手続きフローを**図 8・6** に示す．

変電設備，発電設備，蓄電池設備，燃料電池設備の電気設備を設置または変更するときは所轄消防署長に届け出なければならない．消防への電気設備設置届出の概要を**表 8・8** に示す．

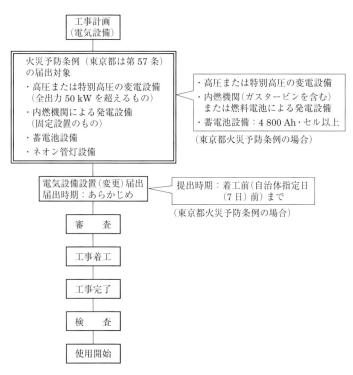

図 8・6　消防関係届出手続き

表8・8 電気設備の設置届出

	変電設備	発電設備	蓄電池設備
届出者	設備を設置し使用する者		
提出先	設置場所を管轄する消防署の予防課予防係		
提出日および提出部数	工事着工の前（市町村条例による日数）までに，正，副2部提出．1部は審査後返却される．		
必要書類	変電設備設置届出書	発電設備設置届出書	蓄電池設備設置届出書
	案内図，構内図，平面図，立面図，機器配置図（平面図，立面図）		
	・配線系統図（単線結線図または3線結線図） ・仕様書または説明書（受電方式，受電点の三相短絡容量，変圧器の容量，電圧，種別，結線方式，台数，附属保護装置，契約容量，保安装置，主要機器の固定方法を明記）	・運転制御回路図（発電機の運転，制御に関する電気回路図） ・排気筒の配置系統図（排気筒および消音器の位置が明らかなもの，および発電機から屋外までの系統が明らかなもの） ・負荷設備の系統図（発電設備の負荷設備が明らかとなる単線結線図または3線結線図） ・仕様書または説明書（内燃機関の種類および出力容量，発電機の出力容量，電圧，相数，力率，回転数，定格など，始動方式および始動方法，保安装置の種類，故障状態の確認方法，常用電源との切換方法，励磁方法，燃料の種別，発電機および内燃機関の全重量を明記）	・充電系統図（充電用として幹線から分岐した以降の系統図） ・充電制御回路図（充電方式の明らかな回路図） ・保安装置などの動作回路図 ・負荷設備の系統図（単線結線図で負荷設備が明らかなもの） ・仕様書または説明書（蓄電池の形式，種類，容量，電圧，蓄電池数，充電方法の別，保安装置の有無，性能試験，認定品などはその名称番号などを明記） ・常用電源と非常電源との切換系統図（消防用設備などの非常電源に用いる場合は，無電圧検出部と切換部が明らかな系統図）

2　危険物の申請および届出

危険物関連の手続きフローを図8・7に示す．

(a) 危険物の指定数量と手続きの関係

危険物の貯蔵・取扱い規則は，危険物の規制に関する政令で定められた量（指定数量）により異なり，指定数量以上の場合は消防法の規定にもとづき規制され，指定数量未満の場合は市町村の火災予防条例にもとづき規制される．

8-4 消防への手続き

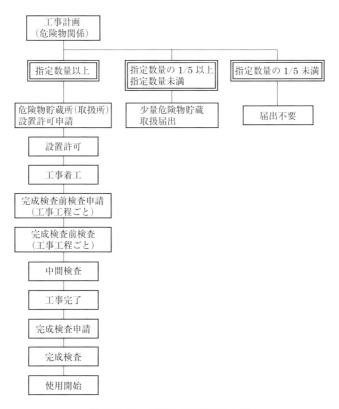

図8・7 危険物関係届出手続き

第4類危険物についての指定数量を**表8・9**に示す．なお、リチウムイオン電池は電解液に危険物を使用し、電解液の引火点は40℃程度である．このため，危険物の第4類第二石油類としての取扱いが必要である．

(b) 危険物申請書（届出書）の手続き

危険物設置関係の申請手続きを**表8・10**に示す．

表8・9 指定数量

危険物の種類		品　名	指定数量
第4類	引火性液体	特殊引火物	50 l
		第1石油類（アセトン，ガソリン）	200 l
		第2石油類（軽油・灯油），リチウムイオン電池	1 000 l
		第3石油類（重油，クレオソート油）	2 000 l
		第4石油類（ギヤー油，シリンダー油）	6 000 l
		動植物油類	10 000 l

表8・10 危険物設置関係手続き

申請書類	届出者	届出先
危険物貯蔵所・取扱所設置許可申請書	設置者	設置場所を管轄する消防署
危険物貯蔵所・取扱所完成検査前検査申請書	タンク製造者	タンクの製造所を管轄する消防署
危険物貯蔵所・取扱所完成検査申請書	設置者	設置場所を管轄する消防署
少量危険物貯蔵・取扱届出書	設置者	設置場所を管轄する消防署

8-5 PCBの取扱い規制

　電気設備に関する技術基準を定める省令第19条第14項に，「PCB（ポリ塩化ビフェニル）を含有する絶縁油を使用する電気機械器具は，電路に施設してはならない」と規定されている．すなわち，現に使用中のものは継続使用できるが，一度電路から外したものは再使用が禁止されている．

　一方，規制以前に施設されたPCB入り絶縁油を使用した変圧器，コンデンサなどの電気機器は，施設されてから相当の年数が経過している．このため，経年劣化による電気機器の損壊などに伴うPCB入り絶縁油の漏洩などの防止をはかる目的で，PCB入り絶縁油を使用した電気工作物の使用および廃止にかかわる報告制度が，平成13年10月15日付けで創設，施行された．

　対象機器は，変圧器，電力用コンデンサ，計器用変成器，リアクトル，放電コイル，電圧調整器，整流器，開閉器，遮断器，中性点抵抗器，避雷器，OFケー

ブルのうち PCB 含有絶縁油を使用した電気工作物であり，以下の報告を所轄産業保安監督部長に提出する必要がある．

(1) 使用報告（電気関係報告規則第 4 条の 2 第 1 項の表第 1 号）
現に設置または予備として有している機器が PCB 入り機器であることが判明した場合は，遅滞なく，PCB 入り機器の使用にかかわる事項（設置者氏名，名称，住所，事業場の名称，所在地，電気工作物の種類，定格，製造者名，型式，設置または予備の別，製造年月，設置年月など）についての報告．

(2) 変更報告（電気関係報告規則第 4 条の 2 第 1 項の表第 2 号）
(1) の事項に変更があった場合には，旧設置者からの廃止届と新しい設置者からの使用届を提出する

(3) 廃止（使用中止）報告（電気関係報告規則第 4 条の 2 第 1 項の表第 3 号）
使用していた PCB 入り機器の使用を中止した（電路から外した）場合は，該当する PCB 入り機器の特定のために必要な事項や廃止（使用中止）の理由などの報告．

電路から一度外した PCB 電気工作物は電気事業法「電気設備に関する技術基準を定める省令」第 19 条第 14 項により電路への再施設は禁止されている．

PCB 入り電気機器が廃棄物となった場合には，廃棄物処理法（廃棄物の清掃および処理に関する法律）や PCB 特別措置法（ポリ塩化ビフェニル廃棄物の適正な処理の推進に関する特別措置法）などの法令が適用となる．PCB 特別措置法では，PCB 含有廃棄物は特別管理産業廃棄物として事業者（設置者）に厳重な保管が義務づけられており，PCB 入り電気機器の保管および処分状況は都道府県知事への届出が必要である．PCB 特別措置法の施行規則による届出対象は，PCB 入り電気機器すべてとなっている．

PCB の処理は全国の日本環境安全事業株式会社（JESCO）で処分するよう決められている．処理容量に対し全国での保管量が多く，処分を速やかに進めるため，平成 21 年 11 月より，微量 PCB は「廃棄物の処理及び清掃に関する法律」および国の「PCB 廃棄物処理基本計画」に基づき，JESCO 以外の認定業者でも処理が可能となった．

8-6　省エネ法

　エネルギーの使用の合理化等に関する法律（省エネ法）は燃料資源の有効利用を促進するために定めたものであり，燃料・熱・ガス・電気などのエネルギーを一定基準以上使用する工場・事業所は国へ届け出て，エネルギー管理指定工場の指定を受けなければならない．

　　3 000 kl 以上/年：第一種エネルギー管理指定工場

　　1 500 kl 以上/年：第二種エネルギー管理指定工場

　また，指定を受けた工場等がエネルギー管理とともに省エネ措置の実施により，中長期的にみて，年平均1％以上のエネルギー消費の低減につとめなければならない．

付　録

関連法規と機器に関する規格

〔1〕関連法規・指針等
(1) 電気事業法関連法規（環境保全関連法を含む）

法律	電気事業法 電気用品安全法 電気工事士法 電気工事業の業務の適正化に関する法律 大気汚染防止法 騒音規制法 振動規制法 水質汚濁防止法 エネルギーの使用の合理化に関する法律 電気事業者による再生可能エネルギー電気の調達に関する特別措置法	政令	電気事業法施行令 電気用品安全法施行令 電気工事士法施行令 電気工事業の業務の適正化に関する法律施行令 大気汚染防止法施行令 騒音規制法施行令 振動規制法施行令 水質汚濁防止法施行令 エネルギーの使用の合理化に関する法律施行令
省令	電気事業法施行規則 電気使用制限等規則 電気事業法の規定に基づく主任技術者の資格等に関する省令 電気関係報告規則 電気事業法関係手数料規則 電気工事士法施行規則 電気工事業の業務の適正化に関する法律施行規則 大気汚染防止法施行規則 騒音規制法施行規則 振動規制法施行規則 水質汚濁防止法施行規則 電気設備に関する技術基準を定める省令 発電用火力設備に関する技術基準を定める省令 発電用風力設備に関する技術基準を定める省令 電気工作物の溶接に関する技術基準を定める省令 電気事業者による再生可能エネルギー電気の調達に関する特別措置法施行規則		

277

付録　関連法規と機器に関する規格

(2) 消防法関連法規

法律	消防法	政令	消防法施行令 危険物の規制に関する政令
省令	消防法施行規則 危険物の規制に関する規則	条例 規則	（自治体）火災予防条例 （自治体）火災予防条例施行規則

(3) その他関連法規

・建築基準法 ・電波法 ・労働安全衛生法	・製造物責任法（PL法） ・廃棄物の処理及び清掃に関する法律 ・道路法

(4) 基準・指針等

・電気設備の技術基準の解釈	・内線規程
・高圧受電設備規程	・建築設備耐震設計・施工指針
・高圧又は特別高圧で受電する需要家の高調波抑制対策ガイドライン	
・電力品質確保に係る系統連系技術要件ガイドライン	
・配電規程	・発変電規程
・自家用電気工作物保安管理規程	・工場電気設備防爆指針

〔2〕機器に関する規格

規格名称	通称	取扱団体等名称
日本工業規格	JIS規格	（一財）日本規格協会
電気学会電気規格調査会標準規格	JEC規格	（一社）電気学会
日本電機工業会規格	JEM規格	（一社）日本電機工業会
日本電線工業会規格	JCS規格	（一社）日本電線工業会
電池工業会規格	SBA規格	（一社）電池工業会
日本照明工業会規格（照明器具関連）	JIL規格	（一社）日本照明工業会
日本照明工業会規格（電球器具関連）	JLMA規格	（一社）日本照明工業会
電力会社規格（各電力会社）	電力用規格	電気事業連合会
陸用内燃機関協会団体規格	LES規格	（一社）日本陸用内燃機関協会
日本配線システム工業会規格	JWDS規格	（一社）日本配線システム工業会
日本電気制御機器工業会規格	NECA規格	（一社）日本電気制御機器工業会
日本内燃力発電設備協会団体規格	NEGA規格	（一社）日本内燃力発電設備協会

付録　関連法規と機器に関する規格

日本工業規格（JIS 規格：Japanese Industrial Standard）

規格番号	規格名称
JIS C 1102-1（2011）	直動式指示電気計器　第 1 部：定義及び共通する要求事項
JIS C 1102-2（1997）	直動式指示電気計器　第 2 部：電流計及び電圧計に対する要求事項
JIS C 1102-3（1997）	直動式指示電気計器　第 3 部：電力計及び無効電力計に対する要求事項
JIS C 1102-4（1997）	直動式指示電気計器　第 4 部：周波数計に対する要求事項
JIS C 1102-5（1997）	直動式指示電気計器　第 5 部：位相計，力率計及び同期検定器に対する要求事項
JIS C 1102-7（1997）	直動式指示電気計器　第 7 部：多機能計器に対する要求事項
JIS C 1102-8（1997）	直動式指示電気計器　第 8 部：附属品に対する要求事項
JIS C 1102-9（1997）	直動式指示電気計器　第 9 部：試験方法
JIS C 1103（1984）	配電盤用指示電気計器寸法
JIS C 1210（1979）	電力量計類通則
JIS C 1211-1（2009）	電力量計（単独計器）—第 1 部：一般仕様
JIS C 1211-2（2014）	電力量計（単独計器）—第 2 部：取引又は証明用
JIS C 1216-1（2009）	電力量計（変成器付計器）—第 1 部：一般仕様
JIS C 1216-2（2014）	電力量計（変成器付計器）—第 2 部：取引又は証明用
JIS C 1263-1（2009）	無効電力量計—第 1 部：一般仕様
JIS C 1263-2（2014）	無効電力量計—第 2 部：取引又は証明用
JIS C 1281（1979）	電力量計類の耐候性能
JIS C 1283-1（2009）	電力量，無効電力量及び最大需要電力表示装置（分離形）—第 1 部：一般仕様
JIS C 1283-2（2014）	電力量，無効電力量及び最大需要電力表示装置（分離形）—第 2 部：取引又は証明用
JIS C 1302（2014）	絶縁抵抗計
JIS C 1604（2013）	測温抵抗体
JIS C 1731-1（1998）	計器用変成器－（標準用及び一般計測用）　第 1 部：変流器
JIS C 1731-2（1998）	計器用変成器－（標準用及び一般計測用）　第 2 部：計器用変圧器
JIS C 3102（1984）	電気用軟銅線
JIS C 3307（2000）	600V ビニル絶縁電線（IV）
JIS C 3316（2008）	電気機器用ビニル絶縁電線
JIS C 3317（2000）	600V 二種ビニル絶縁電線（HIV）
JIS C 3342（2012）	600V ビニル絶縁ビニルシースケーブル（VV）
JIS C 3401（2002）	制御用ケーブル
JIS C 3605（2002）	600V ポリエチレンケーブル
JIS C 3606（2003）	高圧架橋ポリエチレンケーブル

付録　関連法規と機器に関する規格

JIS C 3612（2002）	600V 耐燃性ポリエチレン絶縁電線
JIS C 4034-1（1999）	回転電気機械－第1部：定格及び特性
JIS C 4034-5（1999）	回転電気機械－第5部：外被構造による保護方式の分類
JIS C 4034-6（1999）	回転電気機械－第6部：冷却方式による分類
JIS C 4304（2013）	配電用 6kV 油入変圧器
JIS C 4306（2013）	配電用 6kV モールド変圧器
JIS C 4402（2010）	浮動充電用サイリスタ整流装置
JIS C 4411-1（2015）	無停電電源装置（UPS）－第1部：安全要求事項
JIS C 4411-2（2015）	無停電電源装置（UPS）－第2部：電磁両立（EMC）要求事項
JIS C 4411-3（2015）	無停電電源装置（UPS）－第3部：性能及び試験要求事項
JIS C 4510（1991）	断路器操作用フック棒
JIS C 4601（1993）	高圧受電用地絡継電装置
JIS C 4602（1986）	高圧受電用過電流継電器
JIS C 4603（1990）	高圧交流遮断器
JIS C 4604（1988）	高圧限流ヒューズ
JIS C 4605（1998）	高圧交流負荷開閉器
JIS C 4606（2011）	屋内用高圧断路器
JIS C 4607（1999）	引外し形高圧交流負荷開閉器
JIS C 4608（2015）	高圧避雷器（屋内用）
JIS C 4609（1990）	高圧受電用地絡方向継電装置
JIS C 4610（2005）	機器保護用遮断器
JIS C 4611（1999）	限流ヒューズ付高圧交流負荷開閉器
JIS C 4620（2004）	キュービクル式高圧受電設備
JIS C 4901（2013）	低圧進相コンデンサ
JIS C 4902-1（2010）	高圧及び特別高圧進相コンデンサ並びに附属機器－第1部：コンデンサ
JIS C 4902-2（2010）	高圧及び特別高圧進相コンデンサ並びに附属機器－第2部：直列リアクトル
JIS C 4902-3（2010）	高圧及び特別高圧進相コンデンサ並びに附属機器－第3部：放電コイル
JIS C 4908（2007）	電気機器用コンデンサ
JIS C 5962（2001）	光ファイバコネクタ通則
JIS C 6820（2009）	光ファイバ通則
JIS C 8201-1（2007）	低圧開閉装置及び制御装置－第1部：通則
JIS C 8201-2-1（2011）	低圧開閉装置及び制御装置－第2-1部：回路遮断器（配線用遮断器及びその他の遮断器）
JIS C 8201-2-2（2011）	低圧開閉装置及び制御装置－第2-2部：漏電遮断器
JIS C 8201-3（2009）	低圧開閉装置及び制御装置－第3部：開閉器，断路器，断路用開閉器及びヒューズ組みユニット

JIS C 8201-5-1（2010）	低圧開閉装置及び制御装置－第5部：制御回路機器及び開閉素子－第1節：電気機械式制御回路機器
JIS C 8314（2015）	配線用筒形ヒューズ
JIS C 8364（2008）	バスダクト
JIS C 8374（1991）	漏電継電器
JIS C 8704-1（2006）	据置鉛蓄電池－一般的要求事項及び試験方法－第1部：ベント形
JIS C 8704-2-1（2006）	据置鉛蓄電池－第2-1部：制御弁式－試験方法
JIS C 8704-2-2（2006）	据置鉛蓄電池－第2-2部：制御弁式－要求事項
JIS C 8706（2010）	据置ニッケル・カドミウムアルカリ蓄電池

電気学会電気規格調査会標準規格（JEC規格：Standard of the Japanese Electrotechnical Committee）

規格番号	規格名称
JEC-160-1978	気中遮断器
JEC-203-1978	避雷器
JEC-217-1984	酸化亜鉛形避雷器
JEC-1201-2007	計器用変成器（保護継電器用）
JEC-2100-2008	回転電気機械一般
JEC-2130-2016	同期機
JEC-2200-2014	変圧器
JEC-2210-2003	リアクトル
JEC-2220-2007	負荷時タップ切換装置
JEC-2300-2010	交流遮断器
JEC-2310-2014	交流断路器及び接地開閉器
JEC-2330-1996	電力ヒューズ
JEC-2350-2005	ガス絶縁開閉装置
JEC-2374-2015	酸化亜鉛形避雷器
JEC-2433-2003	無停電電源システム
JEC-2440-2013	自励半導体電力変換装置
JEC-2500-2010	電力用保護継電器
JEC-2510-1989	過電流継電器
JEC-2511-1995	電圧継電器
JEC-2512-2002	地絡方向継電器
JEC-2515-2005	電力機器保護用比率差動継電器
JEC-2518-2015	ディジタル形過電流リレー
JEC-2519-2015	ディジタル形周波数リレー

付録　関連法規と機器に関する規格

日本電機工業会規格（JEM 規格：Standard of the Japan Electrical Manufacturers' Association）

規格番号	規格名称
JEM 1038：1990	電磁接触器
JEM 1090：2008	制御器具番号
JEM 1093：2008	交流変電所用制御器具番号
JEM 1115：2010	配電盤・制御盤・制御装置の用語及び文字記号
JEM 1118：1998	変圧器の騒音レベル基準値
JEM 1132：2011	配電盤・制御盤の配線方式
JEM 1134：2005	配電盤・制御盤の交流の相又は直流の極性による器具及び導体の配置及び色別
JEM 1135：2009	配電盤・制御盤及びその取付器具の色彩
JEM 1136：2009	配電盤・制御盤用模擬母線
JEM 1167：2007	高圧交流電磁接触器
JEM 1219：2001	交流負荷開閉器
JEM 1225：2007	高圧コンビネーションスイッチ
JEM 1265：2006	低圧金属閉鎖形スイッチギヤ及びコントロールギヤ
JEM 1267：2006	配電盤・制御盤の保護構造の種別
JEM 1293：1995	低圧限流ヒューズ通則
JEM 1310：2001	乾式変圧器の温度上昇限度及び基準巻線温度（耐熱クラス H）
JEM 1323：2013	配電盤・制御盤の接地
JEM 1354：2014	エンジン駆動陸用同期発電機
JEM 1356：1994	電動機用熱動形及び電子式保護継電器
JEM 1357：1995	電動機用静止形保護継電器
JEM 1362：1999	サージ吸収用及び接地用コンデンサ
JEM 1363：1996	配線用低圧限流ヒューズ
JEM 1425：2011	金属閉鎖形スイッチギヤ及びコントロールギヤ
JEM 1435：2014	非常用陸用同期発電機
JEM 1459：2013	配電盤・制御盤の構造及び寸法
JEM 1460：2006	配電盤・制御盤の定格及び試験
JEM 1470：1997	電力用 SF6 ガス絶縁機器用圧力容器
JEM 1486：2003	200V 級及び 400V 級配電用変圧器
JEM 1496：2013	高圧カットアウト
JEM 1499：2012	定格電圧 72kV 及び 84kV 用金属閉鎖スイッチギヤ
JEM 1500：2014	特定エネルギー消費機器対応の油入変圧器における基準エネルギー消費効率
JEM 1501：2014	特定エネルギー消費機器対応のモールド変圧器における基準エネルギー消費効率

付録　関連法規と機器に関する規格

日本電線工業会規格（JCS 規格：Japanese Cable Maker's Association Standard）

規格番号	規格名称
JCS 0168-1：2016	33kV 以下電力ケーブルの許容電流計算　第 1 部：計算式および定数
JCS 0168-2：2016	33kV 以下電力ケーブルの許容電流計算　第 2 部：低圧ゴムプラスチックケーブルの許容電流
JCS 0168-3：2016	33kV 以下電力ケーブルの許容電流計算　第 3 部：高圧架橋ポリエチレンケーブルの許容電流
JCS 0168-4：2010	33kV 以下電力ケーブルの許容電流計算　第 4 部：22kV, 33kV 架橋ポリエチレンケーブルの許容電流
JCS 1226：2003	軟銅より線
JCS 1236：2001	平編銅線
JCS 3410：2002	600V ポリエチレン絶縁電線
JCS 3417：2003	600V 耐燃性架橋ポリエチレン絶縁電線
JCS 4258：2003	制御用ケーブル（遮へい付き）
JCS 4353：2013	高圧 EP ゴム絶縁ビニル絶縁クロロプレンキャブタイヤケーブル
JCS 4398：2015	屋内配線用ユニットケーブル
JCS 4425：2015	屋内配線用 EM ユニットケーブル
JCS 4506：2013	低圧耐火ケーブル
JCS 4507：2013	高圧耐火ケーブル
JCS 5224：2014	市内対ポリエチレン絶縁ビニルシースケーブル
JCS 5287：2011	市内対ポリエチレン絶縁ポリエチレンシースケーブル
JCS 5420：2011	市内対ポリエチレン絶縁耐燃性ポリエチレンシースケーブル

電池工業会規格（SBA 規格：Japan Storage Battery Association Standard）

規格番号	規格名称
SBA S 0601：2014	据置蓄電池の容量算出方法

引用・参考文献

1章

1) 三谷政義・小林豊和：自家用高圧受電設備の実務知識，オーム社（1977）
2) オーム社編：高圧受電設備等設計・施工要領，オーム社（2002）
3) （一社）日本電設工業協会編：高圧受変電設備の計画・設計・施工，（一社）日本電設工業協会（2009）
4) （一社）日本電気協会需要設備専門部会編：高圧受電設備規程，（一社）日本電気協会（2014）
5) （社）日本電気協会編：電気事業の現状，（社）日本電気協会（2001）
6) （社）電気設備学会編：電気設備に関する基礎技術，（社）電気設備学会（1998）
7) （社）電気設備学会編：（社）電気設備学会誌，22巻，3号，（社）電気設備学会（2002）
8) （一社）日本内燃力発電設備協会：自家用発電設備専門技術者・可搬形発電設備専門技術者講習テキスト（法令編）

2章

1) 電気学会電気規格調査会編：電気規格調査会標準規格，電気書院
2) （一財）日本規格協会編：日本工業規格，（一財）日本規格協会
3) 三谷政義・小林豊和：自家用高圧受電設備の実務知識，オーム社（1977）
4) （一社）日本電設工業協会編：高圧受変電設備の計画・設計・施工・改定：（一社）日本電設工業協会（1987）
5) 草野英彦：自家用電気設備実務マニュアル，オーム社（1991）
6) 大浜庄司：絵とき自家用電気技術者実務読本（第4版），オーム社（1997）
7) （一社）電気設備学会編：建築電気設備の計画と設計，（一社）電気設備学会（2008）
8) （一社）日本電機工業会編：日本電機工業会規格，（一社）日本電機工業会
9) 高圧受電設備実務ハンドブック編集委員会：高圧受電設備実務ハンドブッ

ク，オーム社（2006）

3章

1) （一財）日本規格協会編：日本工業規格，（一財）日本規格協会（2002）
2) （一社）日本電気協会使用設備専門部会編：高圧受電設備規程，（一社）日本電気協会（2008）
3) （一社）日本電設工業協会編：新編 電気設備工事施工図の書き方，（一社）日本電設工業協会（2000）

4章

1) 電力安全課商務流通保安グループ：平成24年度電気保安統計，平成25年12月
2) （一社）日本電気協会使用設備専門部会編：高圧受電設備規程，（一社）日本電気協会（2014）
3) 村中慶三：自家用電気設備の保護継電システム，電気書院（1975）
4) 北川稔・石田久太郎：自家用保護リレーシステム読本，オーム社（1982）
5) 三谷政義・小林豊和：自家用高圧受電設備の実務知識，オーム社（1977）
6) （一社）電気設備学会編：電気設備の電路に関する基礎技術，（一社）電気設備学会（1997）
7) （一社）電気設備学会編：電気設備に関する基礎技術（電源系統システム），（一社）電気設備学会（1998）
8) 電気設備技術計算ハンドブック編集委員会編：電気設備技術計算ハンドブック，電気書院（1980）
9) （一社）日本電設工業協会編：高圧受変電設備の計画・設計・施工，（一社）日本電設工業会（1987）
10) 高圧受電設備実務ハンドブック編集委員会編：高圧受電設備実務ハンドブック，オーム社（2006）
11) 日本電気技術規格委員会：内線規程，日本電気協会（2011）
12) 絵とき 電気設備技術基準：解釈早わかり－平成25年版－，オーム社（2013）

5章

1) （一社）電気学会：電気工学ハンドブック（第6版），オーム社（2001）
2) 草野英彦　編著：自家用電気設備実務マニュアル，オーム社（1991）
3) 株式会社東芝：水道用電気設備ハンドブック（2000）
4) 株式会社東芝：2000年建築設備システム研究会講演用テキスト（2000）

6章

1) 草野英彦：自家用電気設備実務マニュアル，オーム社，p.319（1992）
2) （一財）日本建築センター：建築設備耐震設計・施工指針（1997年版），（一財）日本建築センター（1997）
3) （一社）日本電気協会使用設備専門部会編：高圧受電設備規程，（一社）日本電気協会（2002）
4) 電気と工事編集部：高圧電気設備の工事・保守の実務知識，p.221，オーム社（1990）

7章

1) 草野英彦編著：自家用電気設備実務マニュアル，オーム社，p.80（1992）
2) （一社）日本電機工業会編：長期使用受変電設備の信頼性の考察，（一社）日本電機工業会（1999）

8章

1) 関東経済産業局監修：自家用電気工作物必携Ⅰ　法規手続編（平成25年版）文一総合出版（2013）
2) （一社）日本内燃力発電設備協会：自家用発電設備専門技術者講習テキスト（法令編）（2013）

索　引

ア　行

後打ちアンカボルト方式　217
油入遮断器　38
油入変圧器　56
安全対策　4

一般用電気工作物　6
インタフェース　198
インターネット　197
インピーダンスマップ　153

遠隔監視　197
鉛直地震力　220

オーム法　151

カ　行

開閉耐久性能　77
開閉頻度　49
開閉容量　47
開閉容量の級別　48
開放形高圧受電設備　20
架空引込み方式　18
確度階級　74
カスケード遮断方式　168
ガス負荷開閉器　44
過電圧継電器　85
過電流強度　75
過電流継電器　85
過電流定数　75
可とう管　229
監視機能　196
監視室　210
監視制御　188
慣性動作　146
感度電流　79

器具番号　127
基準値換算　151
基礎図　117

気中負荷開閉器　44
基本計画　7
基本料金　15
ギャップレス避雷器　53
ギャップ付避雷器　53
キュービクル式高圧受電設備　21
キュービクル式ディーゼル発電装置　100
共通予備UPSシステム　97
業務用電力　15
寄与電流　155
許容最低電圧　93
金属電線管　230
金属閉鎖形スイッチギヤ　21

計器用変圧器　70, 74
計器用変圧変流器　70
計器用変成器　70
軽故障　193
計測装置　194
系統連系　34
警報装置　193
契約電力　14
契約電力算出計算　14
ケーブルダクト　228
ケーブルピット　230
ケーブルラック　228
ケーブルラック図　118
原単位電力量　11
建築物接地　233
限流遮断性能　78
限流ヒューズ　50
限流ヒューズ付負荷開閉器　44

高圧気中電磁接触器　47
高圧交流電磁接触器　46
高圧交流負荷開閉器　43
高圧遮断器　38
高圧受電設備　2
高圧真空電磁接触器　47
高圧断路器　38
高圧電力　2

索　引

更　新　5
構造体　58
高調波対策　5
後備保護　144
交流電源方式　209
誤　差　74
コージェネレーション発電　32
コージェネレーション発電設備　34
コンデンサ引外し装置　209
コンデンサ引外し方式　40
コンビネーションスイッチ　47
コンピュータ制御　204

サ　行

最小ケーブルサイズ　226
再生可能エネルギー固定価格買取制度　31
最大需要電力　13
最大使用電力　14
最低蓄電池温度　93

自家発電設備　29
自家発電装置　99
自家用電気工作物　6
磁気遮断器　38
事業継続計画　29
シーケンス制御　204
シーケンスダイアグラム　112
事後保全　247
指示電気計器　87
指示電気計器の記号　88
システム運用機能　197
実量制　15
自動制御機能　197
遮断器　38
周囲環境　5
重故障　193
受電設備　2
受変電設備　2
主保護　144
需要率　13
省エネルギー　5
小出力発電設備　6
常時励磁式　49
小水力発電　32
小水力発電設備　33
状態表示　192

使用負担　74
真空遮断器　38
真空負荷開閉器　44
進相コンデンサ　66
シンボル　120
信頼性　4
推奨キュービクル　22
水平地震力　219
図記号　120
制御電源　208
制御電源分割　210
精密電力量計　91
整流装置　209
積算電気計器　90
責任分界点　18
施工図　117
絶縁協調　184
絶縁物　58
接続図　105
接地形計器用変圧器　71
接地板埋設　233
接地棒打込み　233
設備容量　12
セル数　93
零相計器用変圧器　72
零相変流器　71
選択遮断方式　144, 168
専用線方式　16
全容量タップ電圧　61

操作機能　196
操作用変圧器　209
増　設　5

タ　行

耐震設計　219
太陽光発電　32
太陽光発電設備　31
ターゲット式表示器　192
タップ電圧　61
単一UPSシステム　96
単位法　151
単極単投形フック棒操作方式断路器　41
単線接続図　105

288

索 引

断路器　41

蓄電池設備　29
蓄電池容量の選定　93
地中線引き込み方式　18
中央監視室　191, 201
直接監視制御方式　182
直流電源　210
直流電源装置　91
直流電源方式　209
直流分係数　155
直列リアクトル　68
地絡過電流継電器　86
地絡継電器　85
地絡方向継電器　86
地絡保護　175

低圧回路のインピーダンス効果　167
低圧回路の地絡保護　182
定格開閉容量　46
定格遮断電流　39
定格短時間電流　46
定格負担　74
定限時特性　85
低減容量タップ電圧　62
低減率　224
ディーゼル発電装置　100
停復電制御機能　203
データ記憶・保守機能　197
鉄心　58
電圧継電器　85
電圧降下　225
電圧引外し方式　40
展開接続図　112
電気計器　86
点検保守　4
電子式積算電気計器　90
電線管　229
伝送装置　193
電動機の保護　173
テンプレート方式　217
電流引外し方式　40
電力契約種別　15
電力ケーブル　223
電力デマンド監視制御機能　206
電力取引計量点　18

電力ヒューズ　50
電力量計　90
電力料金の割引制度　64
電力量料金　15

特別高圧電力　2
特別精密電力量計　91

ナ 行

認定キュービクル　22

燃料電池設備　29

ハ 行

バイオマス発電　32
バイオマス発電設備　33
配線工事　223
配線図　118
配線用遮断器　75
配置図　117
波及事故　141
箱抜きアンカボルト方式　217
バスダクト　230
発電機容量の選定　101
反限時特性　85

非限流ヒューズ　50
比誤差　74
非常電源専用受電設備　28
非対称係数　155
ピット図　118
表示機能　196
表示装置　191
避雷器　52
避雷器の接地　55

風力発電　32
風力発電設備　31
負荷設備容量　11
負荷電圧補償装置　93
負荷の種類　10
複合形継電器　86
複合形保護継電器　194
複線接続図　109
不足電圧継電器　85
不足電圧引外し方式　40

289

索引

普通電力量計　91
フリーアクセスフロア　229
分散電源　30

閉鎖形高圧受電設備　21
並列冗長UPSシステム　97
変圧器　55
変圧器の位相角　60
変圧器の結線　60
変圧器の定格　58
変圧器の特性　58
変圧器の並行運転　62
変圧器の保護　169
変電設備　2
変流器　70, 74

防災対策　5
防災用自家発電装置　101
放射状埋設地線　233
放電コイル　69
放電時間　93
放電電流　93
保護協調　4
保護協調の検討手順　147
保護継電器　84
保護装置　69
保守率　94

マ行

巻　線　58
マクリット表示器　192
マルチリレー　194

無効電力制御　206
無効電力量計　91
無停電電源装置　95, 210

メッシュ布設　233

文字記号　124
モールド変圧器　56

ヤ・ラ行

予防保全　247

ライナ　216
ライフサイクルコスト　6, 253
ラッチ式　49
ランプ表示器　192

力　率　63
力率改善　19, 63
力率改善に必要な進相コンデンサの総容量　64
リモートステーション　198

励磁突入電流　149

漏電遮断器　75
漏電遮断器の設置義務　82
漏電遮断器の選定　79

英数字・記号

BACnet™　202

CB形高圧受電設備　22

FL-net　201

IEC61850　201

LCC　6
LCD表示器　195
LonWorks™　201

Modbus　201

PF・S形電圧受電設備　23

T分岐方式　16

UPS　95

1回線受電方式　16
1灯式　192
2回線受電方式　16
2灯式　192
3極単投形遠方操作方式断路器　42
3灯式　192
％インピーダンス法　151

- 本書の内容に関する質問は、オーム社ホームページの「サポート」から、「お問合せ」の「書籍に関するお問合せ」をご参照いただくか、または書状にてオーム社編集局宛にお願いします。お受けできる質問は本書で紹介した内容に限らせていただきます。なお、電話での質問にはお答えできませんので、あらかじめご了承ください。
- 万一、落丁・乱丁の場合は、送料当社負担でお取替えいたします。当社販売課宛にお送りください。
- 本書の一部の複写複製を希望される場合は、本書扉裏を参照してください。

JCOPY ＜出版者著作権管理機構 委託出版物＞

実務に役立つ
高圧受電設備の知識（改訂2版）

2002年11月25日　第 1 版第1刷発行
2015年 2 月 5 日　改訂2版第1刷発行
2020年 5 月10日　改訂2版第8刷発行

編著者　福田真一郎
発行者　村上和夫
発行所　株式会社オーム社
　　　　郵便番号　101-8460
　　　　東京都千代田区神田錦町3-1
　　　　電話　03(3233)0641(代表)
　　　　URL　https://www.ohmsha.co.jp/

© 福田真一郎 2015

組版　新生社　印刷　千修　製本　協栄製本
ISBN978-4-274-21700-5　Printed in Japan

電気設備工学ハンドブック

一般社団法人 電気設備学会 編

■B5判・734頁・上製・箱入　■定価(本体18000円【税別】)

電気設備技術者必携！
役立つハンドブック

　電気設備の設計、施工、運営・管理に携わる方を主な対象に、設計の背景となる基礎理論から、設備機器、装置の知識、設計・施工の手法、運営・管理まで、電気設備全般を、基礎、装置、設計、施工、運営管理のフェーズから体系的にまとめたハンドブック。電気設備の設計・管理に必要な事項に素早くアクセスできる構成。

主要目次

序編　電気設備一般
- 第1章　電気設備と建築電気設備
- 第2章　建築電気設備の役割

第I編　基礎編
- 第1章　法令規則と基本事項
- 第2章　電力関連基礎理論
- 第3章　情報関連理論
- 第4章　防災関係基礎理論
- 第5章　関係基礎理論

第II編　装置編
- 第1章　機器，装置一般
- 第2章　電力機器と装置
- 第3章　情報機器と装置
- 第4章　防災機器と装置
- 第5章　搬送機器と装置

第III編　設計編
- 第1章　設計一般
- 第2章　用途と計画の要点
- 第3章　設備項目と設計内容
- 第4章　監　理
- 第5章　設計図書と資料
- 第6章　積算業務

第IV編　施工編
- 第1章　施工一般
- 第2章　電気設備工事概要
- 第3章　施工の技術
- 第4章　施工の管理
- 第5章　工法．工具
- 第6章　施工品質の検証
- 第7章　現場検査及び竣工引渡
- 第8章　施工資料

第V編　運営管理編
- 第1章　運営管理一般
- 第2章　設備の運転管理
- 第3章　設備の保全管理
- 第4章　施設の運営管理技術

もっと詳しい情報をお届けできます．
　◎書店に商品がない場合または直接ご注文の場合は右記宛にご連絡ください．

ホームページ　http://www.ohmsha.co.jp/
TEL／FAX　TEL.03-3233-0643　FAX.03-3233-3440

(定価は変更される場合があります)

関連書籍のご案内

電気工学分野の金字塔、充実の改訂!

電気工学ハンドブック 第7版
一般社団法人 電気学会 [編]

1951年にはじめて出版されて以来、電気工学分野の拡大とともに改訂され、長い間にわたって電気工学にたずさわる広い範囲の方々の座右の書として役立てられてきたハンドブックの第7版。すべての工学分野の基礎として、幅広く広がる電気工学の内容を網羅し収録しています。

編集・改訂の骨子

- 基礎・基盤技術を固めるとともに、新しい技術革新成果を取り込み、拡大発展する関連分野を充実させた。
- 「自動車」「モーションコントロール」などの編を新設、「センサ・マイクロマシン」「産業エレクトロニクス」の編の内容を再構成するなど、次世代社会において貢献できる技術の取り込みを積極的に行った。
- 改版委員会、編主任、執筆者は、その分野の第一人者を選任し、新しい時代を先取りする内容となった。
- 目次・和英索引と連動して項目検索できる本文PDFを収録したDVD-ROMを付属した。

- B5判・2706頁・上製函入
- 本文PDF収録DVD-ROM付
- 定価(本体45000円[税別])

主要目次 数学／基礎物理／電気・電子物性／電気回路／電気・電子材料／計測技術／制御・システム／電子デバイス／電子回路／センサ・マイクロマシン／高電圧・大電流／電線・ケーブル／回転機一般・直流機／永久磁石回転機・特殊回転機／同期機・誘導機／リニアモータ・磁気浮上／変圧器・リアクトル・コンデンサ／電力開閉装置・避雷装置／保護リレーと監視制御装置／パワーエレクトロニクス／ドライブシステム／超電導および超電導機器／電気事業と関係法規／電力系統／水力発電／火力発電／原子力発電／送電／変電／配電／エネルギー新技術／計算機システム／情報処理ハードウェア／情報処理ソフトウェア／通信・ネットワーク／システム・ソフトウェア／情報システム・監視制御／交通／自動車／産業ドライブシステム／産業エレクトロニクス／モーションコントロール／電気加熱・電気化学・電池／照明・家電／静電気・医用電子・一般／環境と電気工学／関連工学

もっと詳しい情報をお届けできます.
◎書店に商品がない場合または直接ご注文の場合も右記宛にご連絡ください.

 ホームページ http://www.ohmsha.co.jp/
TEL/FAX TEL.03-3233-0643 FAX.03-3233-3440

(定価は変更される場合があります)

オーム社の好評既刊

電気管理技術者必携 第8版

公益社団法人
東京電気管理技術者協会 編
- A5判／560頁
- 定価(本体5700円【税別】)

最新の法規・規程に準拠！

1985年初版発行以来、第8版目となる電気管理技術者を対象とした自家用電気設備の保安確保のための必携書。技術内容の進歩も盛り込んだ最新の内容となっている。電気系実務技術者の信頼と要望に広く応える一冊。

主要目次

- 1章 電気工作物の保安管理
- 2章 自家用電気設備の設備計画とチェックポイント
- 3章 保護協調と絶縁協調
- 4章 工事に関する保安の監督のポイント
- 5章 点検・試験及び測定
- 6章 電気設備の障害波対策と劣化対策
- 7章 安全と事故対策
- 8章 電気使用合理化と再生可能エネルギーによる発電
- 9章 官庁等手続き
- 10章 関係法令及び規程・規格類の概要
- 付録

もっと詳しい情報をお届けできます。
◎書店に商品がない場合または直接ご注文の場合は右記宛にご連絡ください。

ホームページ http://www.ohmsha.co.jp/
TEL／FAX TEL.03-3233-0643　FAX.03-3233-3440

(定価は変更される場合があります)